国外著名建筑师丛书

菲利浦·约翰逊

张钦哲
朱纯华

中国建筑工业出版社

《国外著名建筑师丛书》是一套图文并茂、理论与实践并重的设计专业系列化图书。本书介绍了曾先后荣获1978、1979年**AIA**颁发的建筑设计金质奖和相当建筑界的诺贝尔奖——普里茨凯奖的世界著名建筑大师菲利浦·约翰逊的建筑思想和其作品、言论著作。近半个世纪以来，这位大师发表了有关建筑学术论文共143篇，著作3部，主持设计和建成的工程项目106个，其中尤以著名代表作美国电报电话公司总部大楼、潘索尔大厦、水晶教堂等的独特风格，在国际建筑界产生了广泛的影响。大师早期曾是"国际派"先驱密斯的信徒，后又走自己的路，常自称是"功能折衷主义者"、"古典主义者"。在本书第一部分评述中，作者以"探索、创新、不断进取"为题，结合大师的作品，详细、精辟地论述了大师建筑哲学观的转变过程。本书的第二部分，汇集了大师的41个优秀作品，附有简要说明和精美插图照片近200幅，彩色图版8页，形象地展示出大师高超的构思才能和精湛技艺。第三部分收入16篇论文，是从大师100多篇文章中精选而来的。大师专为本书写了前言。通过本书有助于读者更多地了解当代世界建筑思潮的过去和未来，是研究菲利浦·约翰逊不可或缺的参考书。

本书可供建筑设计、科研及规划人员、建筑院校师生参考。

国外著名建筑师丛书
菲利浦·约翰逊
张钦哲　朱纯华

中国建筑工业出版社出版、发行(北京西郊百万庄)
新 华 书 店 经 销
北京建筑工业印刷厂印刷

开本:787×1092毫米　1/16　印张：13¾　插页：6　字数：347千字
1990年12月第一版　　2002年12月第六次印刷
印数：15,181—16,180册　　定价：**21.50**元
ISBN 7-112-01024-1
TU·739　(6104)

约翰逊签名照片

菲利浦·约翰逊与约翰·伯吉

水晶教堂

AT&T Corporate Headquarters, New York, New York, 1979–84.

美国电话电报公司总部

美国电话电报公司总部大厅及“电神”雕塑

潘索尔大厦和共和国
银行中心大厦

RepublicBank Center,
Houston, Texas, 1981–84.

平板玻璃公司总部内广场

M银行总部和感恩广场

前言

1980年是我国进入改革开放的新时期，人们渴望摆脱"文革"年代的封闭和僵化，迫切要求立足国内，走向世界，把理性的种子撒遍全中国。过去曾一度被视作禁区的西方建筑理论、流派、思潮和创作实践已愈来愈引起我国广大建筑同行们的兴趣。新形势的挑战，促使这套《国外著名建筑师丛书》应运而生，和广大读者见面了。

我们组织出版这套丛书的宗旨是：活跃学术空气，扩大建筑视野，交流技术信息，努力洋为我用，进一步提高我国建筑师的建筑学术理论和设计创作水平，更好地迎接新世纪的来临。

本丛书首批（第一辑）共分13个分册，主要介绍被公认的13名世界级著名建筑师。每个分册介绍一名，他们是：F·L·赖特；勒·柯布西耶；W·格罗皮乌斯；密斯·凡·德·罗；埃罗·沙里宁；A·阿尔托；尼迈耶；菲利浦·约翰逊；路易·康；贝聿铭；丹下健三；雅马萨奇；黑川纪章（为后补）。本丛书的编写体例基本包括三个部分：即有关建筑师本人创作思想的评介；本人设计作品选；本人主要论文著作和演讲稿。另在附录中还列有建筑师个人履历、作品年表及论文目录等，供读者参考。每个分册的编写内容均力求突出资料齐全、观点新颖、图照精美、版面活泼的特点。

自1989年初出版了第一分册《丹下健三》以来，至1998年已陆续出版了赖特；密斯·凡·德·罗；菲利浦·约翰逊；路易·康；贝聿铭；雅马萨奇；黑川纪章等八个分册，其中有的分册还先后重印过七次（平均每年重印一次），在国内外产生了广泛的影响。率先出版的七个分册并荣获1996年第三届全国优秀建筑科技图书奖一等奖。

为了开拓丛书选题，以便更多地向建筑同行介绍国外著名建筑师，1989年由张钦楠先生主编的丛书第二辑亦脱颖而出，选择了詹姆士·斯特林（英）；矶琦新（日）；西萨·佩里（美）；约翰·安德鲁斯（澳）；赫曼·赫兹勃格（荷）；亚瑟·埃里克森（加）；诺曼·福斯特（英、增补的）等七名著名建筑师。第二辑的编写体例基本参照了第一辑的模式。已出版的詹姆士·斯特林；矶琦新；西萨佩里及诺曼·福斯特四个分册，和第一辑一样，受到国内外广大读者的欢迎。特别值得提出的是有的分册如《黑川纪章》、《诺曼·福斯特》在编写过程中还得到建筑大师本人十分热情友好的合作，主动无偿地提供了大量第一手技术资料（包括自撰序言、作品插图和照片、原版书等），大大提高了专集的图版质量和印刷质量。我们近期已在组织丛书第三辑的选题和出版计划，力求通过第一至第三辑的出版，在中外建筑师之间架起一座广阔的友谊之桥，让我国建筑同行全方位、多视点地了解国外世界级的著名建筑师，真正达到我们出版这套丛书的宗旨。

在组织落实丛书选题和编写工作过程中，得到了全国有关建筑专家、教授和建筑师同行的大力支持，这里谨向他们以及协助提供资料的有关单位和个人表示深深地谢意！

中国建筑工业出版社

（1998年4月修改稿）

序

（为中国《国外著名建筑师丛书》之一
《菲利浦·约翰逊》专集而作*）

菲利浦·约翰逊

我认为，要合乎情理地介绍我的作品，最有益而适宜的办法是谈谈我是如何工作的：当我必须面对桌上一张白纸的那一艰难时刻，我脑海里浮现的是什么；决定我思路的方向的是什么；而最后产生于绘图板上的建筑形式又是如何形成的。

我知道过去的习惯是什么样的：那就是旧的“国际式”的严格戒律。

我们曾以近乎宗教式的观念，确信人类天性的完美，确信建筑是改造社会的武器，确信简单（“少就是多”）是万应灵药。我们相信在建筑中诚实地表现结构。我们同意罗热①、拉斯金②、维俄雷勒丢克③和埃默森④以实用作为美学标准。如果某种东西是有用的，那么就会获得某种荣誉。清教徒式的伦理观最后获胜了：只允许简单——直线，窄的支承体，便宜的材料；只有平屋顶，光墙面和立方体是准许的。这是一种较易于用否定词来描述的风格。

但六十年前的这些想象在今天听来却是离奇的：今天的时代应已是人人都可以住在便宜

Preface

(For" Great Masters of Architecture of the World"

Book on Philip Johnson)

by Philip Johnson

As a fitting and logical introduction to my work, I thought it would be most helpful and appropriate to address how I work: what goes through my mind when that awful moment comes in which I have to face the blank paper on the desk; what determines the direction of my thoughts; and, ultimately, what makes the shapes of the buildings that come off the board.

I know what it used to be: the strict disciplines of the old International Style.

We really believed, in a quasi-religious sense, in the perfectability of human nature, in the role of architecture as a weapon of social reform, in simplicity as a cure-all("less is more"). We believed in expressing honestly the structure of a building. We believed with Laugier, Ruskin, Viollet-le-Duc, and Emerson in usefulness as an aesthetic criterion. If someth ing was useful, then a sort of halo descended upon it. The puritan ethic triu-mphed at last: only simplicity was allowed —straight lines, narrow supports, cheap materials; only flat roofs, flat walls, and cubes were permissible. A style easier to describe with negatives.

But these visions of sixty years ago sound quaint indeed today: a time when everyone would live in cheap, prefabricated, flat-roofed, multiple dwellings—heaven-on-earth. The utopia, however, did not arrive.

的、预制的、平屋顶的单元式住宅这种人间天堂里。可是，乌托邦并未实现。

然而信念并不与实际结果相关。现代建筑已有了很多信条了。除了独特的谬论"居住的机器"和"少就是多"之外，再回想一下弗兰克·劳埃德·莱特的"水平线就是生命线"，以及路易斯·康的"我问砖它想成何模样"。

可幸空论的日子已经过去了。让我们庆贺固定观念的寿终正寝吧。法则是没有的，只有事实。没有程式，只有偏爱。必遵的规则是没有的，只有选择；或者可以用十九世纪的"风味"这个词。

我的看法是，我们没有信条。我一个也没有。我对自己说："终于自由了。"然而形式绝非出自真空。空气中有旋流。例如，历史建筑是被十九世纪晚期和二十世纪的各种"现代派"忽视了差不多一百年之后才又"登场"的。确实，我们不会再按哥特式或文艺复兴式来建造，但我们至少不反对从中受到启发。简而言之，我们不能不懂历史。

每当我开始一个建筑设计时，有三个方面——也许可以这么称谓——对我的作品起到一种量度、目标、纪律和希望的作用。

第一方面，"行径"。就是说，从我瞥见一幢建筑的时刻开始，直到我用双脚接近、进入和到达我的目的地这一过程中，空间是如何展开的。

在一座教堂里，"行径"是简单的；即向着圣坛的列队行进。在一幢住宅里，"行径"也许从下小汽车起向着壁炉旁的座椅；在一幢办公楼里，则是从大街走向电梯门。〔电梯即是行进式建筑的终结，我的思路在电梯门旁就中断了。〕

行进过程对多数建筑，包括住宅，都是复杂的；并且在不同的时代又有着不同的复杂性。

But beliefs are not related to actual results. And there have been many faiths in modern architecture. Besides the patent absurdity of *machines a habiter* and "less is more," recall Frank Lloyd Wright with" the horizontal line is the lines of life", and Lou Kahn's " I ask the brick what it wants to be. "

The day of ideology is thankfully over. Let us celebrate the death of the idee fixe. There are no rules, only facts. There is no order, only preference. There are no imperatives, only choice; or, to use a nineteenth-century word, " taste".

I am of the opinion that we have no faiths. I have none. " Free at last, " I say to myself. However, shapes do not emerge from a vacuum. There are currents in the air. For example, historical architecture is " in" after almost a hundred years of neglect by the various "moderns" of the late nineteenth and twentieth century. True, we don't build in the Gothic style or the Renaissance style, but we are not averse to inspiration at least. Simply, we cannot not know history.

Whenever I start a building design, three aspects—as I might call them—act as a sort of measure, aim, discipline, hope for my work.

First, the Aspect of the Footprint—that is, how space unfolds from the moment I catch a glimpse of a building until with my feet I have approached, entered, and arrived at my goal.

In a church, the aspect of the footprint is simple; the hieratic procession to the altar itself. In a home, from the automobile the footprints may lead to a seat by the fire; in an office building, from the street to the elevator door. (The elevator, of course, being the death of processional architecture, my mind stops at its door.)

The processional for most buildings, including homes, is complex, and in different eras is differently complex. At Ur in Mesopotamia five thousand years ago, the processional was also the architecture. Three enormous staircases that ascended eighty feet without landings, from three different directions, but all visible from the approaching visitor's path.

五千年前，在美索不达米亚的乌尔城，行进过程也就是建筑本身。三部巨大的台阶直上80英尺高而无休息平台，布置于三个不同的方向，但从来访者到达的路上都能看见。

在古埃及，行进过程则是一条直线：非常高，非常低，宽阔，密实，直直地通向至圣所。

最复杂的是在雅典的卫城。你可通过挺直的山门步行而上（这是唯一不能乘汽车到达的旅游热点，感谢上帝）。 巨大的雅典娜神像矗立在前，靠近帕特农神庙的后墙；然后是伊瑞克提翁神庙， 直到海美塔斯山全部在望时，你转身180 度就面对不可进入的帕特农神庙了。

中世纪的办法则是一条小的斜街通向一个小广场，通常在广场并非中心的地方建有教堂，完全不与任何东西相对。豁然开朗的威尼斯圣·马可广场就是一个大型的实例。

巴洛克的行进过程则是对称的、直线的、宏大的；凡尔赛宫或者圣·彼得教堂就居宏大之冠。

在现代，莱特在西塔里埃森创造了一系列复杂得令人迷惑的转弯、曲折、低巷道、奇妙的景观和框景，尽人类的想象力之可能。

在城市的街道和广场设计中，我们同样发现在不同的时期中有着不同的行进过程：希腊的，间断式网格街道系统，中世纪放射式的，以及巴洛克小巷。

正是运用我脑子里如此丰富多彩的行进过程，我尝试着来想象建筑物。

第二个方面，"洞穴"。所有建筑都是掩蔽体。所有伟大的建筑都是空间设计，以包围、环抱、奋发或刺激处于该空间内的人们。正是一幢建筑的空穴部分的设计，压倒了一切其他设计问题。正如老子论"器"一样，器的空虚部分才是其本质。

In Egypt it was a straight line, but what a straight line: very high, very low, wide, dense, straight to the holy of holies.

Most complex, on the Acropolis at Athens. You ascend on foot(the only tourist attraction that cannot be reached by auto, thank God) through the stark gateway. The colossal Athena Promachos on the right, near the back wall of the Pantheon, then the Erechtheum on the left, until in the full face of Mount Hymettos you make a 180° turn to face the unenterable Parthenon.

The medieval approach was a small diagonal street leading to a small square, where, facing nothing at all, usually off center in the piazza, stood the church. The bursting into the Piazza San Marco in Venice is a huge example.

The Baroque processional was symmetrical, straight, and grand; Versailles or St. Peter's, the grandest of all.

In modern times, at Taliesin West, Frank Lloyd Wright made the most intriguingly complex series of turns, twists, low tunnels, surprise views, framed landscapes, that human imagination could achieve.

In urban street and plaza design, we find the same differences of processional in different periods: the Greek, the interrupted gridiron street system, the medieval diagonal, the Baroque allee.

It is with this richness of processionals in mind that I try to imagine buildings

Second, the Aspect of the Cave. All architecture is shelter; all great architecture is the design of space that contains, cuddles, exalts, or stimulates the persons in that space. It is the design of the cave part of a building that overrides all other design questions. Like Lao-tse's cup, it is the emptiness within that is of the essence.

There are lots of " insidenesses" to be studied besides the obvious interiors like Chartres Cathedral or the Grand Central Terminal . Nowicki once said all architecture is interior architecture—the Piazza San Marco in Venice, even the Acropolis in Athens , since walls that descend around you can hold you as securely as walls rising around you.

除了像夏特尔教堂（法国）和中央大车站（纽约）内显著的室内空间外，还有很多“内部”值得研究。诺维基⑤曾说过，所有建筑都是内部建筑——威尼斯的圣·马可广场，甚至雅典卫城，因为在你周围由远而近的墙使你感到就如同近在你身边矗立起来的墙同样的起围护作用。

一个平淡的方盒子很难成为吸引人的空穴；不妨参观一下你当地的汽车制造厂。不仅是尺度起作用；再去看看你当地的汽车制造厂吧。内部空间的调节必须具有复杂性：伯鲁乃列斯基⑥的圣·斯彼利图教堂中两边的小教堂，米开朗基罗的圣·彼得大教堂中的耳堂，古根海姆美术馆中的螺旋形坡道，十三世纪教堂中的侧堂，勒·柯布西埃的昌迪加高等法院中的彩色柱，“浮”在京都龙安寺方丈庭园中改变尺度感的秃石，全部是装点空穴以吸引和刺激观者的巧技。空间进进出出，上上下下。它们相互重迭，它们骗你或者使你联想，始终丰富着人们对建筑的感受。我脑海里装着所有这些杰出的范例，我仍然愿意对空穴一试身手。

第三个方面，也是最为困难的方面，是把建筑当成一件雕塑作品。建筑，通常是被认为与雕塑不同的，而且也确实没有多少伟大的建筑是雕塑：金字塔是，而西塔里埃森则不是；史前巨石群（在英国的**Salisbury**平原上——译注），也许是，而凡尔赛宫则不是；古根海姆美术馆，可能是；帕特农神庙就肯定不是（柱子和檐部注意到了）。弗兰克·劳埃德·莱特式屋顶，拱廊，柱廊都是表达了建筑而非雕塑。

然而在差不多最近的十年里，在我看来，似乎雕塑形式，不一定是几何形体，已经成了建筑的特征。我们已经在建筑外观方面显得技穷了，因为我们缺乏前辈可运用的装饰题材——诸如尖顶，尖拱和圆拱之类。因此我们已转向了别的表现模式。由于今天已经不受如巨石群

A plain box can hardly be an exciting cave; visit your local auto factory building. Nor does size alone count; once more visit your local auto factory. The modulation of interior space must have complexity: the side chapels of Brunelleschi's Santo Spirito, Michelangelo's transepts in St. Peter's, the spiral walks in the Guggenheim, the aisles of a hall church in the thirteenth century, the polychrome columns of Le Corbusier's High Court in Chandigarh, the scale-shifting boulders floating in the Ryoanji Garden of Kyoto, are all tricks of molding caves to excite and thrill the observer. Spaces go in and out, up and down. They overlap, they cheat or suggest, all the time enriching the architectural experience. With all these noble paradigms in mind, I still like to try my hand at caves.

The third aspect, the most difficult, is the Building as a Work of Sculpture. Architecture is usually thought of as different from sculpture and indeed not much great architecture is sculpture: Pyramids, yes; Taliesin West, no; Stonehenge, perhaps; Versailles , no; the Guggenheim Museum, maybe; the Parthenon, certainly not (columns and entablatures see to that) Frank Lloyd Wright roofs, arcades, colonnades, all speak architecture, not sculpture.

In the last decade or so, however, it seems to me sculptural forms, not necessarily geometric, have become a mark of architecture. As we have become impoverished in our external architecture by the lack of decorative motifs our forerunners could use -- steeples, pointed and unpointed arches, and the like -- we have turned to other modes of expression. Since there are no structural limitations today like the lintels of Stonehenge or the Parthenon, we can warp or carve or tilt our buildings the way we will. A wonderful example comes to mind: the fantastic gouges and the slithering angles of I. M. Pei's National Gallery addition -- majestic, playful, abstract sculptures.

The most successful sculpture that John Burgee and I have built is Pennzoil Place in Houston. Two trapezoidal buildings each composed of a square plus a right triangle, that almost meet at a point in their corners, each roof sloping 45° toward each other. In plan, each building of course has a 45° point at the triangle. The ridges of the buildings, however, are also broken to slope away to a corner, giving the rather absurd impression of a twisted

或帕特农神庙的那种过梁结构的限制，我们能够任意扭曲、雕刻或倾斜我们的建筑。一个极好的例子出现在我脑海里：那就是贝聿铭的国家美术馆新馆中的那些奇妙的槽孔和滑动的尖角，这些就是壮丽、有趣而抽象的雕塑。

约翰·伯吉和我已建成的最成功的雕塑，就是休斯敦的潘索尔大厦。两幢梯形平面的建筑，每个均由一个正方形加上一个直角三角形构成，两楼邻近的两角几乎相遇，每一屋顶均作45°单坡面，但方向相反。在平面上，当然每幢建筑在三角形部分都有一个45°角。两幢建筑的屋脊也不在一直线上，使屋面各自坡落，给人以一种异常的、扭曲了的"鹦鹉咀"的印象。底部有两个内庭，其屋顶也是45°斜坡，最高处达100英尺，平面最窄处为10英尺。

在这里，雕塑创作听起来比实际上复杂。直墙面或者45°倾斜墙面；根本没有屋顶。平面都是垂直相交的，偶尔有一些45°角的地方。全是简单的带角形体的把戏。但是这些简单的形体全都在最重要的10英尺窄缝处相汇，这一窄缝就是设计的关键——没有体量的虚空，正是它造成了雕塑感。缝隙是看得见的，然而只在某些时间里，其余时间里则是已知而看不到的奥秘。

能够说明伯吉和我的作品中空间展开进程和"洞穴"问题的另一建筑，是我们在明尼阿波利斯的IDS综合大厦。那里的水晶内庭已经成了该市的"起居室"，人群济济。他们前来购买蛋卷冰淇淋，或者"人看人"——我们的挑台和空间展开进程为他们提供了方便，不，简直是为他们享受这种体验所必不可少的。

我们确实幸运。从四边的过街天桥进入内庭的人要比从街道层的四个入口进来的还要多。明尼阿波利斯人因当地的西伯利亚式气候而习惯于以过街桥来保持温暖。因此我们就以

---

parrot's beak. At the base there are two courts, again with roofs that pitch 45° up a hundred feet high, tapering in plan to ten feet wide.

The work of sculpture sounds more complex than it is. Straight walls, or 45° slanted walls; no roof at all. The plan is orthogonal with occasional 45° elements. All is play of simple angular volumes. But these simple volumes meet at the all important ten-foot slot which is the key of the design -- a nonvolume which makes the sculpture. The gap is visible, but only sometimes; the rest of the time it is a mystery known about, but unseen.

Another building of John Burgee and mine which illustrates the processional and cave aspects of our work is the I.D.S. complex in Minneapolis. The Crystal Court there has become the "living room" of the city. The crowds are huge. They come to buy ice-cream cones and people-watch -- and our balconies and our processional make it easy, nay, inevitable, for them to enjoy the experience.

Luck we certainly had. Bridges on all four sides bring in more people then the four entrances on the street level. Minneapolitans are trained by their Siberian climate to bridge their streets to keep warm. So we had our two-level city to start with -- a dream situation for an architect. To help our luck, however, we were very careful about our main entrances. On each of the four sides, a zigzag funnel pierces the facades, narrowing often twenty or thirty feet to an eighteen-foot wide entrance. The visitor then bursts after a short tunnel into the Crystal Court: a room covered with clusters of glass cubes that pile asymmetrically to a hundred-foot-high apex. Again asymmetrically placed against a diagonal wall, we placed a high-speed escalator to the balconies, which wind their way around the Court and lead in turn out over the lower funnels to four buildings across the streets.

Thus, we like to think, the eight entrances to the cave, the enforced diagonal of the balcony, the clarity of four entrances, four compass points, make pleasant processions. We like to think that the design of our cave—mounting to a crazy high point, decorated with the balcony ribbon and its slanted escalator and its peculiar pentagonal shape, with no two sides the same length, making an odd centrality with its surrounding walls constantly zigging and

双层城市为起点——对于一个建筑师来讲，这是求之不得的条件。但是，为了有助于我们的幸运，我们十分小心地对待那些主要入口。在四周的每一面，都有一个带锯齿的漏斗形贯穿立面、往往从20或30英尺宽连续收缩到18英尺宽的入口。游人然后通过一短段地道而豁然进入水晶庭：这是一个覆盖着的空间，由成串的玻璃立方体不对称地堆叠而成，其顶点达100英尺高。我们又在一座斜墙的前面不对称地布置一座高速自动扶梯，以通向挑台。这些挑台蜿蜒地绕着内庭，然后在底层漏斗形空间之上延伸出去，导向街道对面的四幢建筑。

由此，我们希望，进入内庭的八个入口，强调斜线的挑台，明显的四个入口和四个方位，能创造舒适的空间序列。我们希望，我们的洞穴设计上升到狂热的高度——以带形挑台和斜向的自动扶梯为装饰，各边均不等长的奇特五边形空间形成了一个特殊的中心，其周围墙面连续以5×10英尺的直角模数形成锯齿形以创造基本韵律。我们希望这些有助于使其中所有的人都感到兴奋。

约翰·伯吉和我已经从我们的很多设计中获得了乐趣：体形和漏斗形，广场，主要入口，室内街道，斜墙或斜屋顶，由此创造了空间、序列及雕塑感。由于我们主张不受条条所束缚，因此得到了解放。我们相信，我们的建筑已获其益。

总而言之，作为建筑师，我们今天似乎正生活在一个崇高的时代：不合逻辑的约束已被解除，而我们的"观众们"——甲方及建筑的使用者——已经对于好的设计发展了一种更新了的鉴赏力和要求。

我们再一次获得了创造示范性建筑的自由、鼓舞和责任。

（译文承孙增蕃先生详加校阅）

* 这是约翰逊先生应本书编著者的请求特地撰写的。他在这里重申了在70年代中期的一次讲话中就已形成了的基本思想，这对我们理解他的理论与作品的确是重要的线索。这篇前言是1987年5月13日从纽约寄出的，译文已刊于《建筑学报》1987年第9期。

---

zagging in 5-by-10-foot orthogonal modules creating a basic thythm -- helps the excitement that all people seem to feel in the room.

John Burgee and I have had fun in many of our designs with shapes and funnels, plazas, main entrances, indoor streets, sloped sides and/or roofs, making processionals, spaces and sculptures. We have been liberated by our commitment to refuse to be bound to rules and our architecture, we believe, has profited.

In conclusion, it seems that we as architects are living in a grand period today: illogical constraints have been lifted, and our "audience" -- those who commission buildings, as well as those who use them -- have developed a renewed appreciation and demand for good design.

We have, once again, the freedom, incentive, and responsibility to create exemplary architecture.

注释（由译者选注）：

① 罗热（**Laugier**，1713－69），法国新古典主义理论家。他从原始人的小屋和人类对掩蔽所的需求出发，论述了古典主义是人类这一需求的忠实和经济的表现这种理性主义观点。

② 拉斯金（**Ruskin**，1819－1900），英国非建筑师出身的建筑理论家。他认为衡量建筑的三个标准之一是“能以最好方式为其目的服务”，还提出达到美之唯一途径是“模仿或受启发于自然”。

③ 维俄雷勒丢克（**Viollet－le－Duc**，1814－79），法国建筑学家及古建修复家。他热烈支持十九世纪的新工程技术及新材料，但他所赞扬的实例中却无一具有较高的美学价值。

④ 埃默森（**Emerson**，1803－82），美国学者和诗人。他曾在哈佛大学等校讲授文化史、历史哲学、美学，主张奉献个人，过一种善行的“道德理想主义”生活。

⑤ 诺维基（**Nowicki**，1910－51），波兰建筑学家。1946－47为纽约联合国总部修建委员会波兰代表。后一直在美从事建筑设计及教育工作。

⑥ 伯鲁乃列斯基（**Brunelleschi**，1377－1446），意大利文艺复兴的第一个建筑师。其最著名的建筑是佛罗伦萨的圣·玛利亚大教堂的穹顶。

目 录

1

评述

探索、创新、不断进取

——菲利浦·约翰逊简论

菲利浦·约翰逊的理论及其建筑实践，是一个十分庞杂的体系。要想全面而公正地分析评价，现在似乎为时尚早。一则，约翰逊跨越了从现代主义诞生、发展以致衰弱，以及后现代主义的崛起这半个多世纪的整个历史进程，这是建筑历史上派别纷呈、风云突变的特殊与复杂的时期；再则，约翰逊本身在这一时期中的地位独特，又不停地改变着某些理论主张与设计手法，也许还没有一位美国建筑师像他那样集各种褒贬于一身、始终引起美国以致全世界建筑界的瞩目。有人高度评价他，认为他始终站在建筑运动的前沿，探寻方向，充满着以急剧变化的方式表现出来的求新精神和创造活力；也有很多人寄希望于他，认为他"总是比别人先走一步"，并确信他能重新联合当代建筑师，以元老身份引导他们走向新的、世界范围的建筑文化。也有人极力贬低他，说他随机应变、自相矛盾，是个猜不透的谜。正如意大利《Domus》杂志的编者于八十年代初期写给约翰逊的公开信中指出的那样："你实在是个非常不可思议的人物。当有人以为已经抓住了你的时候，你又像一条鱼一样，从他的手指缝里蹓走了。"一些人不无讽刺地说："他的作品没有看得清楚的美学理论核心，他凭的只是口味。"因此，"如果约翰逊有天才的话，那也只是一种调味者（taste maker）的天才：他同他们中的最优秀者一道，都是在潮流上跳来跳去。"如此等等。

褒贬暂且不论，但处于建筑界舆论注目中心达半个多世纪之久的约翰逊，他对当代建筑发展的影响是不可低估的。他的历史地位及对今后可能产生的深远影响，只能留待建筑历史学家们去评断。这里，我们仅就在初步研究了他各个时期的理论主张和设计作品的基础上所理出的几条线索，不妨略作分析，以期对约翰逊有个概略的了解。

（一）

约翰逊本人，是了解他最好的源泉。1979年，约翰逊在接受迪安（Andrea Dean）的访问时，概述了他是如何走上建筑道路的。加上其他有关资料，我们不难了解他的身世。

约翰逊1906年7月10日（一说8日）出生于俄亥俄州的克利夫兰市。他是一个事业兴旺的律师的独生子。他于1923年（即他认为那是现代建筑"不可思议般"突然在欧洲产生的一年）进入哈佛大学，学习哲学和希腊文。他回忆说，那时连建筑史及艺术史的课程都没有接触过。"我对建筑的兴趣从何而来？我入高中以前，我母亲教我们建筑史及希腊史。我13岁时去瑞士上学，并在欧洲旅行。后来，我于1928年读了希契柯克（Henry Russell Hitchcock）的一篇文章并参观了埃及和希腊。我认识到，我看到了与旅行团的其他人所看到的完全不同的东西。我当时不明白，为什么在参观一座庙宇时他你老师催着我走，而应他们参观博物馆时我却老是催他们走。后来我才认知到，我所见到的不同的东西就是建筑艺术。"不过，那时约翰逊绝没有想到他会成为一个建筑师，因为他不会绘画。但他亲眼见到埃及神庙及帕特农神庙那样的奇观，是他生活的真正转折点。他当时简直难以相信，这些石头的遗迹竟会如此打动人心，"甚至比音乐还富于感情，"因此他模糊地暗自想到：自己迟早都会转向建筑事业的。

1929年，约翰逊通过他在波士顿附近的韦尔斯利（Wellsley)学院学习的妹妹结识了在该校任教的艾尔弗雷德·巴尔（Alfred H.Barr)。那时巴尔正在筹备一个博物馆，那就是次年开办的纽约现代艺术博物馆。他问约翰逊是否愿意负责该馆建筑部的工作。年轻的约翰逊虽然对建筑并不了解，但因为在欧洲参观时对建筑艺术怀有的感情而满口答应。巴尔给予了约翰逊以极大的鼓励，对他的能力也充满了希望。约翰逊表示，博物馆开办之初经费有限，他可以不领工资，因为他父亲早已将他的不动产分给了三个儿女，又给了唯一的儿子若干当时看来没有多少价值的艾尔柯阿（Alcoa）证券。但这种证券后来不断增值，当1930年约翰逊从哈佛大学获得文学学士之时，他已是一个年轻的富翁了。

1930年夏，约翰逊在巴黎会见了希契柯克，并一起参观了欧洲当时可以见到的每幢现代建筑。这次欧洲之行激发了他对现代建筑的热情。他回忆道："我发现我对宣传和介绍'国际式'很感兴趣。那是我们共同的信仰，我们相信有了它整个世界将变得更好些。这并不是说我们具有当时德国方式的社会主义目标，我们只是想：一种纯净的艺术，即简单、无装饰的艺术可能是伟大的救世灵药，因为这是自哥特式以来头一个真正的风格，因此它将变成世界性的，且应作为这个时代的准则。"于是，约翰逊积极主动地组织了1932年在现代艺术博物馆举办的现代建筑展览会。他以极大的热情投入了正在兴起的现代建筑的宣传运动，使当时还是古典折衷主义占优势的美国建筑界第一次了解到这场在欧洲发生着的建筑革命。在这次展览会的基础之上，约翰逊主动提出，并与希契柯克合写了《国际式——从1922年以来的建筑》这本影响深远的书（约翰逊多次谦虚地说，写这本书的主意是他出的，而书的内容则基本上是希契柯克这位历史学家写的)。现在，"国际式"这个词已经被广泛接受，并且几乎成了现代主义的代名词。但约翰逊解释说，当初他们之所以采用这个词，是为了给现代运动表现出来的建筑形式寻找一种有共性的标笺，而并未包括现代主义深刻的哲学基础。因而这二者之间不能等同。

约翰逊这种对现代主义的传教士般的热情，也改变了他自己。在哈佛求学时代，他是性情孤癖、沉默寡言的，除了他的指导老师之外可说没有什么朋友。他也没有确立主攻方向，对任何事情似乎都毫无兴趣。而现在，他却成了一个热情奔放的、活跃的人物了。

1934年 约翰逊由于不得不卷入右翼政治而突然中止了他的博物馆生涯。关于使他懊悔莫及的这一时期的生活，他本人及有关资料都极少提及。但正如汤来金（C. Tompkin）在《纽约人》杂志上所发表的一篇文章所说，"这一错误似乎推动约翰逊作出了一个他本应在一开始就作出的决定，即成为一个开业建筑师"。

约翰逊回忆这段经历时说："我那时很幼稚。我参加了俄亥俄州议会的竞选，获得了不少乐趣。但我对同人们打交道经验缺乏，不能正确地判断他们和对待他们。我太失策，太直率和粗糙。我并不真正了解其他人脑子里在想些什么，因而大为失利。"参与政治活动的失败，使约翰逊这个学哲学的人认识到他对政治是不在行的，他称自己的这次参政活动"是件十分愚蠢的事"，并得出结论说："事情应该到此结束"。下一步怎么办呢？约翰逊下定决心：回到哈佛去学习建筑！"那是我一生中最困难的决策，因为我比那些孩子们（指哈佛建筑系的学生——译注）大了十五、六岁。"1939年，当他33岁时重新进了哈佛大学学习建筑学，并于1943年取得硕士学位。约翰逊回忆这段学习生活时说："在哈佛的设计研究生院，我同教师有过一番斗争。他们有的比我还年轻。他们怨恨我，因为我已经是个密斯派了，而他们则仅仅是鲍豪斯的小人物。因此，当我被指定作一个设计时，我必须作两个，一个是为了交卷得学分，另一个才是我认为应该设计成的那种样子。那是一种可笑的斗争。"那时格罗皮乌斯正在哈佛执教，但约翰逊认为他并未受格氏的影响，他说布鲁尔（**Breuer**，旧译布劳耶）才是他真正的老师。虽然他后来曾称布鲁尔为"乡巴佬手法主义者"，但他说那是他经常会讲的一些难堪的过头话，而实际上他认为布鲁尔是个十分锐敏的艺术家，非常精于规划和创造性地运用材料。因此，约翰逊认为在哈佛期间，从布鲁尔那里"获益良多"。

1942年，作为毕业设计，他为了实验密斯的理论而在哈佛所在的坎布里奇为自己盖了一幢住宅，这是他第一个实施了的设计。1943年，当这座住宅投入使用之时，他邀请了当时正在麻省理工学院学习的贝聿铭及其夫人共进晚餐。他称赞贝聿铭是"当时周围最聪明的人之一。"

1945年，约翰逊在纽约开办了自己的事务所，那时只有一个房间。尽管一开始只有一些小型的住宅设计任务，但他从未考虑过同其他业已根基雄厚的事务所合作而不必自己开业。穹翰逊回忆说："我很幸运，我从未受雇于人，为别人干活。如果我受雇于人，我未必能干得好，因为他们要我干的不见得是我关注的东西。"

1946年，约翰逊回到了现代艺术博物馆继续负责建筑部的工作。从1949年至1954年，他又担任了该博物馆建筑与设计联合部的主任。1947年，他在该博物馆组织了密斯的第一次个人作品展览，并于当年出版了《密斯·凡·德·罗》一书，该书后来以多种文字在世界各地出版，至今仍为研究密斯的重要文献之一。在这一段时期，约翰逊的设计多为私人住宅，其任务主要来源于他在博物馆工作中所接触到的各种人物的介绍。然而使他名声显赫的设计则是他在康涅狄克州纽坎南为自己兴建的"玻璃住宅"（作品1）。该住宅原建在5英亩的地段上，后来约翰逊又买下了周围地段，将林木葱郁的环境扩大至32英亩。当该住宅的资料在当时最有影响的英国《建筑评论》杂志发表之后，引起了国际建筑界的广泛注意。人们经常将这幢住宅同密斯的芝加哥凡思沃斯住宅相比较，认为前者是后者的翻版，而约翰逊则竭力否认，并指出二者之不同。1950年，约翰逊曾写道："玻璃住宅中的砖砌圆筒并非从密斯那里引伸而来，而是从我曾看到的一个烧毁了的村庄启发而来。该村庄除了基础和砖砌烟囱之外，什么也没有留下。"因而埃森曼（**Peter Eisenman**）在1978年出版的《菲利浦·约翰逊文集》的导言中说："玻璃住宅是约翰逊对战争恐怖之个人纪念碑"，故它是从废墟中建设一种理想的、更加完善的社会之模型，是"玻璃的虚无与抽象形式的完善之统一"。但约翰逊则说："哦，那与这些说法无关。砖烟囱仅仅是将房子牵制住的一种建筑手法。圆圈就是一个圆圈，因为这样空间可以绕它流动，而不是使它变成密斯那种分隔或界定房间的东西。流动代替了阻塞，仅此而已。"约翰逊说，他总是认为别人想从他的作品中找出他自己并未意识到的象征意义而"印象深刻"。

1954年，密斯指定约翰逊为他的西格拉姆大厦设计的合作人，并负责主要空间四季餐厅的室内设计（作品38）。约翰逊说："通过西格拉姆的工作，我和密斯再次亲密起来，虽然我已经开始走向了另一种方向"。他所指的"另一种方向"，后来就直言不讳地称为"非密斯派方向"。同年，他辞掉了在现代艺术博物馆的工作，部分原因是莱特劝他"停止两个肩膀挑水"。五十年代末和六十年代初，他作为耶鲁大学的“客座评论家”而在各大学和公共集会上演讲，阐明他的理论主张。他同学生们经常在自己的玻璃住宅里谈话、开非正式的讨论会，同时也勤于写作，树立了作为宣传家和理论家的形象。他十分乐于扮演这一角色，尤其是在那些年代里，设计任务也相对很少。这一时期他的理论活动的中心，在于对现代主义的怀疑和否定，并确立自己称之为“历史主义”、“古典主义”或“功能折衷主义”的原则。

约翰逊五十年代末至六十年代中期的作品，诚如他1960年在伦敦建筑协会的漫谈中所说的那样，“十分零散”。即从密斯式、“拱券式”、各种非常规的现代主义到新古典主义都有。这可以从他设计的一些博物馆建筑中看出来。他曾一度被称为“博物馆建筑师”。他的第一个设计即纽约州尤迪卡的孟逊·威廉斯·普洛克托学会博物馆，也称之为“花岗石包起来的工业美学”的作品（作品6）；其后，内布拉斯加的塞尔登纪念美术馆是新古典主义的代表作（作品8），而纽约现代艺术博物馆的扩建部分则完全是现代派建筑（作品10）。此外，他还设计了其他几个风格各异的博物馆。这段时期，博物馆对约翰逊“始终有一种魅力”，他回忆道：“尤其是地区性的小博物馆，兴味盎然，因为它们正如旧时代的教堂一样，代表着我们文化的民众性。例如在尤迪卡，我就试图创造一种空间，人们可以带着从外地来的老奶奶一同去参观。”这一时期成功的作品，还有华盛顿市登巴顿的前哥仑比亚艺术博物馆，由排列整齐的八个带穹顶的圆形展室围绕中心的圆形院子所组成，庭院、通透的展室与葱郁的橡树林交相辉映，给人一种既在室内又宛如室外的感觉。

六十年代末和七十年代初期，建筑潮流在急剧地发生变化。约翰逊一方面参与了年轻人的争论，一方面同约翰·伯吉（**John Burgee**）一道花费了大量时间来规划、设计一些大型的、不可能建成的城市综合体，一个在费城，一个在纽约的哈莱姆区，还有一个在布鲁克伦区。他们的纽约福利岛规划得以部分实现。但他们在这些城市综合体方案设计中所发展起来的思想，却有助于1973年建成的明尼阿波利斯的**IDS**中心的成功（作品24）。他们在该中心创造了一个激动人心的室内广场，成了该市成千上万人乐于“共享”的公共空间。犹如老式的市场或市民广场曾是群众的集会和社交场所一样，该空间成了明尼阿波利斯的“起居室”，同时在设计中也发展了该市“双层城市”的优点，改善了整个市中心的环境。

IDS中心是约翰逊与伯吉长期合作关系的开始。此后三年，他们的另一个代表作——休斯敦的潘索尔大厦完工了（作品25）。这一年，即1976年，约翰逊和伯吉建立了合伙的设计事务所。正如奈特在1985年指出的那样，约翰逊/伯吉事务所是一个“创造得奖作品的团体”，其成就远远地超过了他们各自的最好业绩。他们的合作已经产生了举足轻重的影响，“无论东西南北，他们富于形象的摩天楼已经使美国城市的天际线发生了变化。”事实也的确如此，一开始他们就竭力探求一种有识别性的高层办公楼的新形式。恰如潘索尔大厦的业主所希望的那样，他们没有将该大厦设计成“倒置的雪茄烟盒子”，而是以特殊的几何形体创造了极富动态和雕塑感的休斯敦的新标志。潘索尔大厦一直保持着极高的出租率，并且也使德克萨斯州一家小石油公司名扬四海。这一建筑的成功，为约翰逊/伯吉事务所招徕了更多的业主。在此之后的十余年里，他们设计建成了一大批高层办公楼，一个不同于另一个，并且都非同一般，各有新意。现举数例略加分析。

在这些新型摩天楼中，最有影响的无疑是纽约的美国电话电报公司（**AT&T**）总部大楼（作品26）。1978年3月，该大楼的方案在《纽约时报》头版以显著篇幅公之于众，立即在建筑界及普通公众之中引起了震动。各种传播媒介纷纷评论，褒贬不一。该大楼是座雄伟对称的文艺复兴式摩天楼，高197米，上下分为三段。基座高40米，处理成一个整体，中间的拱廊高33米，是受启发于佛罗伦萨一座文艺复兴式的教堂。争论最为激烈的是顶部的山花，类似老式门贴脸，其中心上部开了一个圆凹口。整幢建筑用花岗石饰面，窗间墙和窗户比例也都参照了二、三十年代曼哈顿的其他摩天楼，约翰逊说这是考虑了纽约高层办公楼的文脉关系，"是对这种源于纽约的建筑设计观念的重新尊重。"

在该大楼建成之前，据不完全统计，发表在世界各主要报刊上的评论文章即达300余篇，创造了建筑史上的空前纪录。如英国的《泰晤士报》就破例地首次对一幢未建成的建筑多次加以评论。《华盛顿邮报》上的一篇署名文章说："自从勒·柯布西埃的朗香教堂使现代建筑师们大吃一惊以来，还不曾有过别的事情像这个设计一样，把他们弄得迷惑不解。"《纽约时报》的评论指出："自从克莱斯勒大厦以来，这是纽约市内最有生气和最大胆的摩天楼"，是"后现代主义第一个重要的纪念碑。"这一设计尤其受到年轻一代的热烈称赞。但各种责难也纷至沓来：有人讥之为"爷爷辈的座钟"洛可可风格的"齐本戴尔（**Chippendale**，英国十八世纪家具设计师）式抽斗柜"，等等。尽管评论界至今仍然众说纷纭，但谁也不可否认这幢大楼在建筑史上的影响。

在**AT&T**大楼完工的同一年即1984年，约翰逊/伯吉事务所的另两幢代表作也同时竣工。其一是匹兹堡的平板玻璃公司（**PPG**），大厦建于市中心的再开发区（作品28）。中间是44层高楼，周围是配楼，布局颇有古典意味。尤其特出的是，整组建筑都采用了简化了的哥特风格，其塔楼令人想起伦敦的英国议会大厦。然而这却是一幢全玻璃幕墙的现代建筑，那些由方形和三角形凹凸形成的起伏的竖直线条在反射玻璃的反影强化之下使整幢建筑显得更加挺拔壮观。这幢大楼也是对该公司产品的最好宣传。匹兹堡具有哥特风格的建筑传统，因此这幢大楼的形式并不是偶然想出来的。另一幢是休斯敦市中心的共和银行中心(作品31，紧邻他们早先设计的潘索尔大厦。但与玻璃幕墙的潘索尔大厦不同，该中心是座以桃红色花岗石饰面的荷兰式建筑，具有罗曼蒂克的晚期哥特式风格。高塔由南向北逐渐迭落，形成三级锯齿形带尖顶的山墙，外形十分雅致、优美。营业大厅设于低层建筑内。高低部分在外形、材料及细部处理上都十分协调，相互呼应，浑然一体，确实达到了极高的设计水平。尤其值得提出的是，该大厦的室内设计也十分成功。低层部分的30多米高的拱门向内延续而形成拱廊，其上三个天桥横跨而过，丰富了空间层次。银行大厅的天花呈等边三角形，对称地逐步高起达36米。阳光从大梁间的格子形玻璃顶倾泻而下，形成戏剧性的空间效果。

1985年完工的特兰斯柯大厦（作品29），也建在休斯敦。这座方形平面的玻璃幕墙建筑凌空而起，其塔身和顶部都具有古典意味。宽阔的基座高五层，上部有多级逐段收缩，具有二十年代摩天楼中的新古典艺术装饰派风格。约翰逊说，这一大厦的设计是受了二十年代古德休（**Goodhue**）的作品的影响，同时也受到了从他办公室窗子即可看见的豪厄尔（**Howell**）1928年设计的旅馆的启发。

他们还在纽约耗资将达二十余亿美元的时代广场建筑群中（作品37）及旧金山加州大街580号大厦（作品32）中采用了法国传统的孟沙屋顶，后者不仅具有维克多利亚式风格，而且在屋顶上还饰以没有面部的古典式人物塑像。在波士顿波伊斯顿大街500号大厦方案中，他们运用了曲屋面和类似新艺术运动收音机式的造型，而在达拉斯的月形宫中又体现了当地的"帝国风格"传统（作品33)。此外，几何形体也是这一时期约翰逊/伯吉事务所喜欢借用的主题。他们在波士顿福特希尔广场国际大厦（作品35）中探索了圆筒形和方形的结合；在达拉斯的莫门图（**Momentum**）大厦中采用了筒拱形屋面；纽约第三大道53街大厦是分节式的椭圆体（作品34）；旧金山加州大街101号大厦则为多面体圆柱形（作品27）等等。

约翰逊自己说，他这些年来把大部分精力都花在对摩天楼形象的探索之上。从这些变化万千、风格各异的作品之中，不难看出他的这种探索至少使人们思路大开，使过去认为的高层办公楼这一“乏味的建筑类型”开始改变面貌了。

七、八十年代，约翰逊/伯吉事务所还完成了大量非办公楼的建筑设计，其中主要的有：圣路易斯美国人寿保险公司、迈阿密戴德郡文化中心以及加尼福利亚加登·格罗夫水晶教堂等（作品40、15、23）。总之，七十年代和八十年代初，是约翰逊建筑创作的丰收时期。而且他的名声也达到了顶点，这是以他所获得的建筑界的两项最高荣誉为标志的：1978年，他获得了美国建筑师协会的金奖（这是战后第一次颁给一个在世的建筑师）；同年，海特（Hgatt）基金会创设了普里茨凯奖（**Pritzker Prize**），次年这一“建筑界的诺贝尔奖”第一次颁发，得主就是约翰逊。

正如海特基金会主席普里茨凯先生在为约翰逊授奖的仪式上讲的那样：“现在，他正在修改他曾经致力所创造的历史——同时他仍然带领着建筑师进行一场兴高彩烈的追索。事实上，这位美国建筑师的老前辈为保持现代建筑的活力和不可限量的发展，正在作比任何人都多的工作。”也许这话是对的。约翰逊至今仍然活跃在世界建筑舞台的中心。

（二）

约翰逊同现代主义的创始人、特别是同密斯的关系，是值得研究的一个问题。

约翰逊七十年代初回忆：他的第一件作品就是抄袭密斯的巴塞罗拉展览馆。那是在哈佛学建筑时第一学年的课程设计。他说：“我是密斯的第一个信徒，纯粹的密斯派！”①

事实上，当约翰逊二十年代从一本德文书里见到密斯的名字时就认为“这个名字很奇特的人看来最了不起”，对那时刚四十出头的密斯十分崇敬。1929年，他第一次见到了密斯，当时正是巴塞罗拉展览馆建成之际。约翰逊看到，当时功能主义者“把建筑仅仅看成一种技术……而艺术是个不适宜的词”，但是“密斯却站在不同的立场上来捍卫建筑艺术，他说，把建筑只当作一种工具看待，这只是工程师的事；而建筑师的责任是要高出一筹的，这就是解决空间布局问题和满足现时的精神需要。”②另一方面，约翰逊也崇拜密斯的“从不害怕历史，他比今天的功能主义者更广博。”的确，密斯的建筑，体型简洁端庄、比例匀称、细部精确，形式新颖但却洋溢着一种古典主义气息，显得十分高雅，因而打动了约翰逊。加之约翰逊精通德文，所以同密斯一见如故。1932年，约翰逊同希契柯克在《国际式——1922年以来的建筑》一书中对密斯的作品特别加以推崇。1938年，约翰逊又为密斯的移居美国牵线搭桥，出了不少力。他在哈佛念书时，并未转向格罗皮乌斯的“功能主义”，相反却为自己建了一幢住宅来实践密斯的观点。1947年，当约翰逊重新回到现代艺术博物馆不久就组织了密斯作品的展览，出版了密斯的传记，使得密斯的影响空前扩大。约翰逊每当回忆及此，都为自己“有助于把他（密斯）介绍到这个国家及使他引起世界上的注意所做的那怕是一点点工作”而颇感荣幸。③

在写作《密斯·凡·德·罗》一书时，约翰逊同密斯讨论了全玻璃建筑的思想。结果导致了密斯的芝加哥凡思沃斯住宅和约翰本人的康涅狄格州纽坎南的玻璃住宅。密斯的先设计，约翰逊的先建成。无疑，后者曾受了前者设计草图的影响；但玻璃住宅外观对称，四个门布置在每边的中心，住宅的四角分明，又在齐腰处围绕四面玻璃墙加了一道起界定内外空间作用的钢横档，这些处理使之比凡思沃斯住宅显得更具古典意味。

此后，约翰逊所设计的一些住宅如纽坎南的波森纳斯住宅、纽约的尼奥哈特住宅等，都是典型的“密斯派”作品。

1954年，密斯邀约翰逊合作设计西格拉姆这幢现代建筑史上的重要作品。约翰逊极力赞扬密斯在这一设计中所表现的天才，说他“将普通的建筑变成了诗歌”。这是约翰逊的“密斯时期”的高峰。

但是实际上约翰逊同密斯那时在学术观点和设计手法上已有了很多不同之处。例如密斯推崇德国的辛克尔，而约翰逊则推崇美国十九世纪创造新罗马风格的理查森。密斯也很不喜欢约翰逊的玻璃住宅，有一天晚上密斯呆在那里，当半夜两点钟时，他说道：“菲利浦，给我另外找个地方睡觉去！”以后密斯再没有到玻璃住宅去过。但总的来说，那时约翰逊确实是密斯的忠实追随者和模仿者，因此人们给他赠了一个雅号：密斯·凡·德·约翰逊。他对此并不在意，并且说：“在建筑历史上，年轻人理解、甚至模仿老一辈天才的事总是很自然的。密斯就是这样一位天才。”④“密斯始终是我们的纯正派建筑大师。”⑤

但是，从五十年代末期开始，约翰逊一方面肯定密斯四十年如一坚持自己的主张是“难能可贵的，是一种稳定而持久的影响”，一方面则认为没有必要止步于“密斯信徒”，作“学生式建筑”的设计。1973年，约翰逊谈及他同密斯分手的原因时说，他是个“过于罗曼蒂克的人”，对“不变，这就是密斯的原则”已感到“厌烦”(**boredom**)了⑥。在此之前，他曾解释说：“我们很幸运，可以在父辈们的作品的基础上进行建造。当然，我们也讨厌他们，正如所有神圣的儿子们都讨厌所有神圣的先辈们一样，但我们不能忽视他们。”⑦他对密斯过份强调技术借以创造“任何人都可以使用的形式”以及“根本未想到他是一个艺术家“感到越来越“厌烦”、“讨厌”了。1959年，当约翰逊在耶鲁大学他的个人作品展览会上宣布自己的“非密斯派方向”之时，他认为“这是世界上最自然不过的事情，恰如我并不十分喜欢我的父辈一样。”⑧

同密斯分道扬镳之后又奔向何处呢？是不是去寻求新的“首创性”？他回答说他从不相信首创性，而始终相信密斯说过的话：“菲利浦，与其求新，不如求好！”因此，“那就是我为什么要为使用古典母题辩护的原因。”⑨在五十年代末和六十年代，他所喜欢使用的“古典母题”就是拱券。其代表作品有沃尔斯堡的阿蒙·卡特西方美术馆（作品7）、纽坎南约翰逊庄园中的水榭（作品1）以及布朗克斯维尔的沙拉·劳伦斯学院学生宿舍等。因而，英国人戏称这是约翰逊的“芭蕾时期”，美国人则称之为“拱券时期”。除了拱券的运用为一显著特征之外，这些建筑的平面型式、空间序列及比例尺度、细部处理等方面都充满了一种人文主义的古典意味，此后他在纽约州立剧院、耶鲁大学克莱因生物大楼等大型建筑中也运用了明显的或隐喻的古典手法，因而走上了一条新古典主义道路。

在回忆他之所以转向古典母题时，约翰逊还谈到了莱特对他的影响。有一次他同莱特在罗马的一个餐馆里共进午餐。他们从一个房间进入另一个房间，通过了一道很厚的墙，墙上开有拱券洞口。莱特指着侧壁说：“菲利浦，你看，这是第三度空间！”莱特是不喜欢国际式建筑的，将其称为没有人情味的“平胸膛”建筑。因此，莱特在这里讲的“第三度空间”给约翰逊极深刻的印象。在1973年同两位欧洲记者的谈话中，他回忆说这次午餐是他的“转折点”。“我不知道为什么，但它始终留在我的记忆中。正是那时，我认识到莱特所指的‘第三度空间’是什么。”⑩

莱特对他的影响，还有被约翰逊称之为“行进式建筑”（**processional architecture**）的空间展开过程及空间序列的巧妙安排。他十分赞赏莱特的西塔里埃森建筑群，认为莱特在那里所发展的手法“没有人能同他相提并论：那就是奥妙的空间安排。我称之为建筑的神圣所在，即空间的展开进程。”[11]在本书的前言中，他再次高度评价了这一建筑群，称赞莱特在此“创造了一系列复杂得令人迷惑”的空间序列，“尽人类的想象力之可能。”

1979年，他在同迪安（Dean）的谈话中，对莱特的室内设计给予了高度评价：“我十分赞赏他，赞赏他处理内部空间的方法——塔里埃森的起居室，东京帝国饭店的大厅，古根海姆的室内空间。他到处都有机会塑造内部空间，以便给人以兴奋感。没人敢像拉金（Lar King）大厦那样处理空间。……柯布西埃是个处理形式的高手，而真正的房间设计者应该是弗兰克·劳埃德·莱特。”

但是，约翰逊不喜欢莱特孤傲、怪癖的性格和某些带有偏见的观点，如对城市化、高层建筑的看法以及对历史的轻蔑等等。莱特曾说约翰逊的玻璃住宅根本不是一幢住宅，而是“为猴子建的一个猴子笼”，这也使约翰逊颇为不悦。他认为莱特早期影响远比后期为大，因为其他欧洲的先驱者们实际上是在“相当的程度上综合了莱特的东西”。因此，约翰逊得出结论说：“我从未讲过的关于莱特最糟糕的事情是，他实际上只是十九世纪最伟大的建筑师”。[12]

约翰逊很崇拜柯布西埃。除了柯布西埃关于建筑的定义很符合约翰逊注重形式表现的口味之外，柯布作品中的雕塑感也是约翰逊所极力追求的。因此，他认为“我们之中在风格上最不落俗套的、无疑也是最伟大的建筑师就是柯布西埃。”[13]他认为柯布西埃“可以同米开朗基罗这个好像是用双手塑造空间的雕塑家相比。”[14]也许正因为柯布西埃“从来不是一个方块块的推崇者、相反却是他同代人中的第一流的幻想家”以及柯布西埃对宏伟性的偏爱，才引起了约翰逊这个“过于罗曼蒂克的人”的共鸣。另一方面，他也批评柯布西埃建筑中某些过份夸张了的尺度，认为那是“反人性的”；他批评马赛公寓下部由支腿架空构成的空间是“地狱般的地方”，而该公寓在总体布局上则是“反街道建筑学”的，因为它只顾自己而无视与道路及周围建筑的有机关系。

约翰逊对格罗皮乌斯谈得极少。他在哈佛念书时，并未受格罗皮乌斯多少影响，而总是说布鲁尔才是他真正的老师。1973年，当库克和克洛茨访问他时问道：“难道你不认为格罗皮乌斯是本世纪最伟大的建筑师之一吗？”他轻蔑地回答说：“他是谁？从任何角度上讲，他是谁？”这种态度无疑助长了美国建筑界一些人对格罗皮乌斯的全盘否定。其原因究竟何在，至今使人迷惑不解。

（三）

纽约“白色派”著名建筑师理查德·迈耶（Richard Meier）曾说，约翰逊对他影响最深刻的两个方面是“对建筑艺术的鉴赏力和历史观，以及敢于接受和彻底摒弃各种影响的勇气。”这在一定程度上描绘了约翰逊的本质所在。

约翰逊虽然没有写过大部头的、系统的理论著作，但他的很多讲演和文章表明了他对建筑学基本理论问题的明确态度，并努力付诸实践。然而他并不将理论视为可以固守不变的教条，更不将具体的处理手法或风格视为创作的前提，始终探求着新的突破。

五十年代末期，约翰逊即指出：“沙利文曾说，形式跟随功能。当然并非如此。形式跟随的，是人们头脑中的思想，如果这些思想强大得足以表现出来的话。”[15]又说：“在我看来，形式总是跟随形式而非功能。"[16] "形式从何而来，我不知道，但它与我们建筑的功能或社会学的问题是毫无关系的。"[17] 这实际上是强调了形式的独立性及随意性。这就必须认为，功能、适用或建筑的目的性并非建筑创作的中心。他说："我认为历史上的每一幢建筑，它们在目的上都是相似的"，因而"目的性并不一定要将一幢建筑设计得美观……或迟或早我们都能为我们的建筑派上用场。"[18] 他同意密斯的观点，即"建筑本身要比它的功能长久得多"，意即功能问题总是会适应于某种特定的建筑形式的。他在《现代建筑的七根拐棍》中指出："他们说，一幢房子如果能适用，在建筑学上就是好的。当然，这是胡扯。所有的建筑都是适用的。……帕特农神庙对于它之用于所计划的庆典来说，也是很适用的。换句话说，一幢建筑仅仅是能适用，那是很不够的。……如果把使住宅运转得好的考虑超越了艺术创作的优先地位，其结果将根本不是建筑学意义上的建筑了，那就会成为仅仅是有用元件的堆砌而已。"他还举自己得奖的无顶教堂和原子反应堆这两座建筑为例，说明一个建筑师最好的建筑作品是在非效用甚至彻底反效用的建筑中创造出来的。他进一步以自己的玻璃住宅为例，说该住宅如果不是反效用的建筑的话，至少也是如同很多人指责的那样，是"非效用建筑"(**anti-useful building**)。由此他得出结论："非效用的往往是最美观的。谁能去使用帕特农或梅贝克的宫殿呢？"当然，用这种标准来衡量，他就不无感慨地说："很遗憾，我们所设计出来的百分之九十的建筑，都仅仅是'有用'的而已，从本质上来说，它们都不具备建筑学的价值。"[19]

事实上，约翰逊往往将功能计划的考虑看成一种束缚，因为他把建筑设计更多地是当作一种艺术创作来考虑的。他公开声明："建筑是艺术"[20]，因而十分赞赏柯布西埃关于建筑学就是"在光线下对形式的表现，对形式恰当的、巧妙而宏伟的表现"这一抽象化了的定义，以及欧洲建筑师尼兹思奇"建筑是一种由形式所构成的力量之真正显示"的定义。这也是把建筑视为艺术的必然结论。他进一步阐述自己的观点说："我们从历史上知道，建筑是母亲，是其他艺术之守护神。虽然米开朗基罗和贝尼尼都既是雕塑家又是建筑师，但在他们的时代，哪种艺术被认为更主要，这是确定无疑的。"既然建筑是艺术，而且是其他艺术之母，因而"你们能学到多少音乐观念或者绘画观念，那么你们也就可以学到多少建筑。"[21] 同时，既然建筑是艺术，也就确定了建筑创作的目的："我们在这个地球上要做的事情就是修饰它，使之更加漂亮美观，从而使晚辈们能够回顾我们在此留下的那些形象，获得如同我们回顾先辈们留下的帕特农神庙与夏特尔教堂时同样的激动。这就是责任。"[22] 约翰逊既然把建筑视为艺术，那就属于纯粹的文化范畴，但"一种文化是以其建筑而被人们记忆不忘的，"这就难怪约翰逊将建筑创作的目的看作是创造历史的纪念碑了。

这种把建筑当作艺术的基本观点也使约翰逊对待结构与经济问题带有某种偏见。他说："忠实于结构是我们应该尽快摆脱的唬人的东西之一。希腊人运用仿木的大理石柱，并且将屋顶包在里面！哥特式设计师则运用木屋顶于上部以保护纤细的拱顶。而米开朗基罗这位历史上最伟大的建筑师则运用他手法主义的柱子！"[23] 他还以密斯在西格拉姆大厦的四季餐厅中为了创造一个大空间而打破了严格模数化的结构系统为例，说明忠于结构是没有必要的。他说："墨守结构是很危险的，这甚而会使你认为清晰地表现的干净、利落的结构本身最终将取代建筑学"，结果将导致富勒（**B·Fuller**）所宣扬的那样，整个建筑学都将变成胡扯，而建筑师所要干的无非是搞点非连续性穹拱之类的结构玩意而已。

约翰逊把经济与艺术创作也不恰当地对立起来。他说："建造得便宜当然是一种优点。但是，这是艺术吗？难道世界上所有使人记忆难忘的建筑不是造价都很高吗？"他认为我们是处在一个空前富足的社会之中，我们应该花钱来创造"为后代记忆不忘的我们时代的帕特农。"

希腊人、玛雅人能够花几十年、上百年时间及大量的人力财力来建造留芳百世的建筑，我们也能花400 亿美元到月球去旅游一趟，能花每年600～800亿美元去打越战，那么为什么不能多花些钱使我们的城市和建筑更加美观呢？[24] 约翰逊的多数建筑的业主，都是大公司、富有的财团，因此预算都很庞大。而且在建设过程中预算往往不断增加，约翰逊总是一再说服业主多掏钱。他根据一则寓言，风趣地将这种得寸进尺的办法叫做“骆驼战术”：一头冻僵了的骆驼请求将鼻子伸进主人的帐棚，接着又将整个头伸了进去，最后却把主人挤了出来。约翰逊喜欢运用高贵的材料、精确的装饰及细部，不惜花钱达到特殊效果，因而被称为“富人建筑师”。

约翰逊究竟遵从何种方向？从三十年代至五十年代，如前已述他是个“纯粹的密斯派”。当他1959年开始“转到别的方向上去”的时候，他宣布：“我的方向很清楚：传统主义。这并非复古，在我的作品中没有古典的法式，没有哥特式尖叶饰。我试图从整个历史上去挑拣出我所喜欢的东西。我们不能不懂历史。”[25] 的确，正如他多次表明过的那样，他“首先是一个历史学家，而只是偶然地成了一个建筑师”，因而很自然地“偏爱历史”。约翰逊多次重复“我们不能不懂历史”这句在英语里有些饶舌的话，并当成一句口号而使人印象深刻，影响了整整一代人。可以认为，这是后现代主义的理论先声。他强调指出：“历史是一种广阔的、有用的教养”，“可将它作为行将在我们周围崩溃成为废墟的国际式之代替物”。还说：“我的特别答案是：历史将回答一切问题。”[26] 与其说这是约翰逊的一种理论主张，不如说这是他在实践中具体应用的一根“拐棍”。他说：“要是我手边没有历史，我就不能进行设计。”“很难想象，如果没有（文艺复兴时期的）伯拉孟特，就不会有我的无顶教堂；如果没有圣·彼得教堂，又怎能出现林肯中心带柱廊的方案？”我们从本文前面提及的约翰逊近十余年来的摩天楼设计中，无一不能找出这种受历史先例影响的痕迹，这的确表明了约翰逊能在历史的长河中畅游并以敏锐的眼光“挑拣”他之所好、他之所需的能力。

但约翰逊声明：他的探求“纯然是历史主义的，不是复古的而是折衷的”，“我指的传统，意思是在自由中发展我们在工作之初即已发现了的建筑的基本方法。我决不相信建筑中的永恒革命。”[27] 为了进一步阐明他的历史主义或传统主义与历史上的复古倾向的本质区别，他指出“新的历史观点是一种新的、刺激性的推动”，是“新的自由感”，而“不是新巴洛克，不是反国际式的，也不是反现代主义的，它仅仅是略反功能主义而已。”[28] 他认为正因为有了现代主义创始人的成就，才使“传统从未如此清晰地被界定（**demarked**），从未有过如此伟大的伟人，我们也从未向他们学习到这么多东西而又走我们自己的路；没有受任何风格限制的感觉……在这种意义上，我是一个传统主义者。”简言之，约翰逊的“传统主义”就是以历史主义观点对各种形式与风格，包括现代主义的成就加以“折衷”，从而创造“奇趣”，也就是他所说的“新的自由感”。

1960年，约翰逊又称自己是“功能折衷主义者”（**functional eclecticism**）。他对此解释说：“功能折衷主义等于能够从历史中挑选出你所想要的任何型式、外形或方向，并凭你之所好加以运用。”“这里所指，并非通常意义上的‘功能’一词，而且恰恰相反。例如，一座纪念馆应该像一座穹顶（注：约翰逊的罗斯福纪念馆方案就是一座带穹顶的建筑）。”他还举密斯伊利诺理工学院的小教堂为例，认为那是“非功能折衷主义的最好例子”，因为密斯在这里依循的哲学就是，“所有的建筑都应相像”。[29] 约翰逊的这些论述，实际上与他所分析的“传统主义”、“历史主义”基本一致，因此就可以理解他的下述解释了：“功能折衷主义这个词部分真实，部分虚构，部分自诩，部分诚实，意欲有自知之明。”在此基础上就“可以自由地涉足历史，从而带来新的一致，使形式适合设计任务。”[30] 我们由此不难得出结论：“功能折衷主义”实际上就是从设计任务要求出发，然后把它塞进一定的形式里去。但这种形式可以从历史上去寻找，并且应同“所有的建筑都应相像”的密斯原则相反，使每幢建筑各具特色。诚然，这种观点一方面反映了约翰逊将视觉功能超越使用功能的偏见，另一方面对于新形式的探求也有积极的推动作用。

约翰逊还常称自己是“古典主义者”[31]，或“结构古典主义者”[32]。但无论约翰逊为自己贴什么样的标笺，他对待历史、对待传统或古典经验的态度都并不依循一层不变的原则，而是基于实用主义及相对主义的哲学基础。他曾说：“我在对待事物的相对主义道路上的确走得很远了。”

（四）

约翰逊的相对主义，首先表现在对待艺术及美的本质的理解上。他说，艺术家一贯是“含糊其词的，或者说想主观地对待事物，因为艺术家如果不想失掉其艺术之为艺术的个性化，那就必须如此。”[33] “今天只有一件事情是绝对的，那就是变化。没有规则，在任何艺术中的确没有什么必然性（Certainties）可言。”[34] 他按照这种观点，以密斯的巴塞罗拉式椅子为例来分析美的相对性：“它们并不是很舒服的椅子，但如果人们喜欢这些椅子的式样，他们就会说：‘难道这些椅子不美吗？’……然后，他们将坐在椅子上，并说：噢，难道这些椅子不舒服吗？”这即是说，“美”是功能、结构等其他属性的决定性前提，或者正如文丘里所说，“美存在于观察者的眼中”。建筑师及艺术家为了追求艺术的个性化，就必然把形式美的创造放在优先地位。为此，在创作方法上约翰逊提出了不受任何条条所束缚的主张。也许这正是他能保持不断进取、竭力求新的原因所在。

让我们引述约翰逊的一些论点，简略地分析一下产生这些思想的理论基础。早在五十年代中期他就指出：“一种风格并非如同我的某些同行所想的那样是一套规则或限制。一种风格是一种在其中进行工作的气候，是一块借以跃得更远的跳板。”他举例分析道：“严格的风格训练一点也未限制帕特农神庙的创造者，而尖拱也并未束缚住亚眠大教堂的设计人。”[35] 他进一步阐述了如下的观点：“原则不像一本圣经，倒像是我眼睛上的透镜，或者像德国人称之为‘世界观’的东西，即如何看待事物的方法，因而它不是一套否定词。”这种观点在三十多年前提了出来，应该说是难能可贵的，即使现在看来也应该是创造性工作的理论武器之一。

约翰的这种思想是一贯的。不妨回顾一下这种思想的发展进程，也许能帮助我们进一步理解约翰逊作品中所表现出来的“戏剧性变化”的倾向。早在五十年代，他就主张弃旧图新：“再没有一个艺术家把规则和公式看得比他的世界观更为认真的了。他只求创造。事实上，他是在尽力向已有风格、向已知物斗争而走向未知物，走向创造性。正是这种风格与变化、已知与未知之间的张力使风格保持活力。”[36] 在五十年代末，他极力主张同国际式“走向决裂”，并鼓励年轻人“急速地向四面八方奔驰而去……让大家都来赛跑，得到娱乐！”在六十年代初，他认为“建筑设计变得很快，以致今天的创造明天就会显得过了时”，因而“应该运用我们建筑领域里十足的混沌，十足的虚无主义和相对主义来创造奇趣。”[37] 实际上，约翰逊本人在这段时间里所持的虚无主义和相对主义态度有助于这种混沌状态的形成。当人们对他的这种立场提出怀疑之时，他毫不含糊地陈述道：“我们再也不生活在一个英雄般的时代了。我们生活在一个超等自觉的、充满幽默的、折衷的、分裂的、无方向的、无信仰的世界，因而我们的建筑也表现出这一点。”对此，他举例解释说：“贝聿铭的建筑也是变化多端的，不过他与我的途径不同。他已经包罗了（他的合伙人）科苏塔（Cossuta）、科布（Cobb）以及马乔（Muchow）等人的作品。”[38] 他回忆说，在五十年代，他曾嘲笑沙里宁的风格多变，而现在一想起当时那种态度就觉得自己好笑。他说：“建筑物总是要看起来有所不同的，我的建筑就更是这样。沙里宁的建筑也是颇有变化的，他在同一时期既设计鸟形建筑，又设计新泽西州的玻璃方盒子。我过去曾认为那是难以想象的事，而现在却视为当然。就像辛克尔曾作过的那样，我在一个房间里用哥特式，而另一个房间里用西班牙式。”他还进一步以其他建筑师为例辩驳道：“人们说罗奇（Roche）比我有一贯性，但他所作的通用食品公司的帕拉第奥平面又作何解释？致于塞特（Sert），他的纽约河边建筑看起来绝不像设计哈佛大学研究生中心的那同一个建筑师的作品。”[39] 由此可见，在他的创作方法中，他是把“变化”视为当然的。他为此也极力提倡对其他建筑师长处的兼收并蓄。他曾表示过愿意成为理查森、莱特和密斯“所有这三个人，甚至更多”；这充分表明了他的开放态度，他声明无意创造出一种一眼即可看出来的“约翰逊式”建筑。

约翰逊早就认为，求新求变既是当今建筑潮流的特点，也是值得庆幸的好事，因而表现出一种兴奋的心情：“我们现正处在迷茫的混沌之中，让我们享受它的多元性吧，让学生们每年得到一个不同的英雄人物吧！”[40] 今天，在多元主义的美国建筑界，后现代主义及其他派别的风云人物层出不穷，约翰逊在十余年前所谓的这段话可说得到了实现。正如他在1978年接受美国建筑师协会金质奖章时所说的那样：我们现在正处在巨大的分水岭上。现代主义的大河已经分为无数支流，“有些支流在到达大海之前也许会中途干涸，或再次分裂，或又重新组合，情况是复杂的。”他热烈拥抱这种“新的、不见经传、尚未定型却又无疑令人兴奋的东西”，并且正如他所说“运用这种十足的混沌，十足的虚无主义和相对主义来创造奇趣”，设计出“一个不同于另一个”的那些使人“猜不透”的新建筑，即约翰逊在本书《前言》中所说的“示范性建筑”，丰富着建筑表现的词汇。而这种探索的每一步，都意味着付出艰巨的劳动，从自己熟悉的创作方法和大家所习以为常的风格中解脱出来。按约翰逊自己的说法就是“绝不抄袭自己”。

综上所述，约翰逊的观点概括起来说就是他在本书《前言》中这段话：“可幸空论的日子已经过去了。让我们庆贺固定观念的寿终正寝吧。法则是没有的，只有事实。没有程式，只有偏爱。必遵的规则是没有，只有选择，或者可以用十九世纪的‘风味’这个词。”结论是：“我们没有信条。我一个也没有。我对自己说：“‘终于自由了。’”

既然没有信条，没有“固定观念”，又何以使他不断追求呢？约翰逊在七十年代末总结自己的经验时曾说：“我经历了不少变化。但进行艺术创造的愿望却是始终如一的。那就是使我保持前进的唯一因素，也是寻求创造性形式和空间的出路的动力。”勿论对约翰逊的作品是贬仰还是赞颂，但客观地分析，约翰逊所作出的贡献是显而易见的。正如加拿大著名建筑师埃里克森在笔者问及对约翰逊的评价时所指出的那样，一个人的作品都会时而成功、时而失败；但约翰逊始终不懈的探索精神是极为难能可贵的。

以上我们简略地介绍了约翰逊对建筑的定义、对建筑的基本要素及其相互关系、对现代主义、对历史以及对多元主义的创作方法等等建筑的基本理论与实践问题的主张，再与他各个时期、特别是近十余年来的作品相对照，不难看出约翰逊对当前各种建筑思潮、尤其是后现代主义的形成与发展，有着重要的影响和推动。尽管他否认自己是个后现代主义者，但正如美国评论界所指出的那样，他以自己的理论主张和创作实践表明了自己是后现代主义真正的精神支柱。

（五）

约翰逊于1967年同约翰·伯吉正式建立了合作关系，开设了约翰逊/伯吉建筑师事务所。在此之前，约翰逊六十年代早期曾同里查德·福斯特（**Richard Foster**）合作过。

二十年来，这种合作关系十分成功。约翰逊名声显赫，而伯吉则来自芝加哥有名的墨非（**C·F·Murphy**）事务所，是极精明能干、年富力强的管理人才，同时也是个极有创见的建筑师。他们合作起来被舆论界称为“理想的一对。”伯吉出生于1933年，比约翰小一辈。他们是怎样进行合作的呢？据奈特三世（**Carleton KnightⅢ**）介绍：通常约翰逊在进行现场考察并同有关方面讨论之后，在回程的飞机上总是喝得酩酊大醉，然后就着手初步构思。他一周要工作六天。除星期五之外，他星期六、星期日都在纽坎南的家里工作。多数时间都呆在工作室里，用心进行主题性构思。他被周围有关建筑史的书籍所包围，连电话都不接，“隐居”似地进行设计。他从各种历史先例中受启发，“总是能像魔术师般地从设计得极好的老式帽子里变出各种‘建筑之兔’的戏法来”。例如当为纽约的房地产巨头设计特朗普（**Trump**）堡方案时（可惜该方案后未实施），是在一个周末的下午。他翻阅了几本英国城堡的书，“欣赏角塔与城堡如何拼在一起”；此时构思豁然涌现于脑际。[41]

下一步就是“去掉周末做得不恰当的东西。”此时约翰逊抱来了一卷周末画的草图，同伯吉在一起翻阅，选出一些来让事务所的建筑师们去画成正规的图纸。他们两人经常以速记法互相论讨，这是在多年的合作中发展出来的一种特殊交流方式。潘索尔大厦斜切式屋顶及**AT&T**大厦齐本戴尔式山花都是两人“本质上十分协调”的合作成果。伯吉说，他同约翰逊“能够相互交织起来，而没有任何忌妒与猜疑之感”。例如伯吉认为**AT&T**大厦的早期方案中的大厅"太像西格拉姆的了"，戴德郡文化中心则“充满了密斯式细部”，他便提了出来，约翰逊便欣然进行了修改。他们获得了大量高层建筑的设计任务，这主要是伯吉所努力开创的领域。因此约翰逊十分感激地说：“约翰使我获得了新生”。

既然他们的工作在很大程度上是一种共同努力的结果，因此由于伯吉在传播媒介和公众中未能获得约翰逊认为应该得到的荣誉而使约翰逊很感恼怒。为此，几年之前他们已将事务所改名为“约翰·伯吉建筑师事务所，与菲利浦·约翰逊合作”（**John Burgee Architects with Philip Johnson**）。而约翰逊只担任顾问，全部工作由伯吉主持。约翰逊说：“荣誉在我生活的这个阶段已经无所谓了。”建筑界的老一辈也希望给予伯吉以应有的地位，以便约翰逊过世之后能接替他的工作，保持事务所的影响力。

当1967年约翰逊同伯吉合作之时，他曾说：“我们一起来谱写美丽的音乐吧。”二十余年来，“这一对‘建筑的作曲家’运用过去的单音符及主题曲，已谱写了名副其实的建筑交响乐。他们的影响已超越了单纯的建造，而达到建筑之最难点，即创造优美的环境。”[42]

而今，年已82高龄的约翰逊仍然活跃在美国及世界建筑舞台上，继续产生着不可低估的影响。他说，他的父亲活了96岁，他希望能活100岁。他说，他希望至少在“长寿竞赛”方面能胜过活了90岁的莱特。我们祝他如愿以偿！

（1988·9·完稿）

注 释

①、⑥、⑨、⑩ ㉛同建筑师的谈话：菲利浦·约翰逊（库克、克洛茨合著，1973）

②、③祝贺密斯·凡·德·罗七十五寿辰的讲话（1961·2·7）

④、⑧、⑮、㉕、㉖往何处去——非密斯派方向（1959·2·5）

⑤、⑬、㉝、㉟、㊱风格及国际式风格（1955·4·30）

⑦、㉑、㉒、㉗现代建筑的七根拐棍（1955）

⑪、⑫一百年，弗兰克·劳埃德·莱特和我们（1957·3）

⑭恰当而宏伟的表现（1953·9）

⑯、㉘"国际式"——死亡抑或变通（1961·3·30）

⑰、⑱、㉓、 ㉞、㊳、㊴建筑师论建筑：菲利浦·约翰逊（保罗·海尔编，1966）

⑲我们专业的七句行话（1962．10．12．）

⑳迪安：同菲利浦·约翰逊的谈话（载美国建筑师协会学刊，NO．6，1979）

㉔我们丑陋的城市（1966．6．5．）

㉙、㊲在伦敦建筑协学的漫谈（1960．11．28．）

㉚《菲利浦·约翰逊文集》后记（1978）

㉜从"国际式"退到目前的状况（1958．5．9．）

㊵我们现在何处？（1960．9．）

㊶、㊷奈特：《约翰逊/伯吉的建筑，1979－85》前言（1985）

2 作品

菲利浦·约翰逊住宅

Philip Johnson House, New Canaan, Connecticut, 1949～70s.

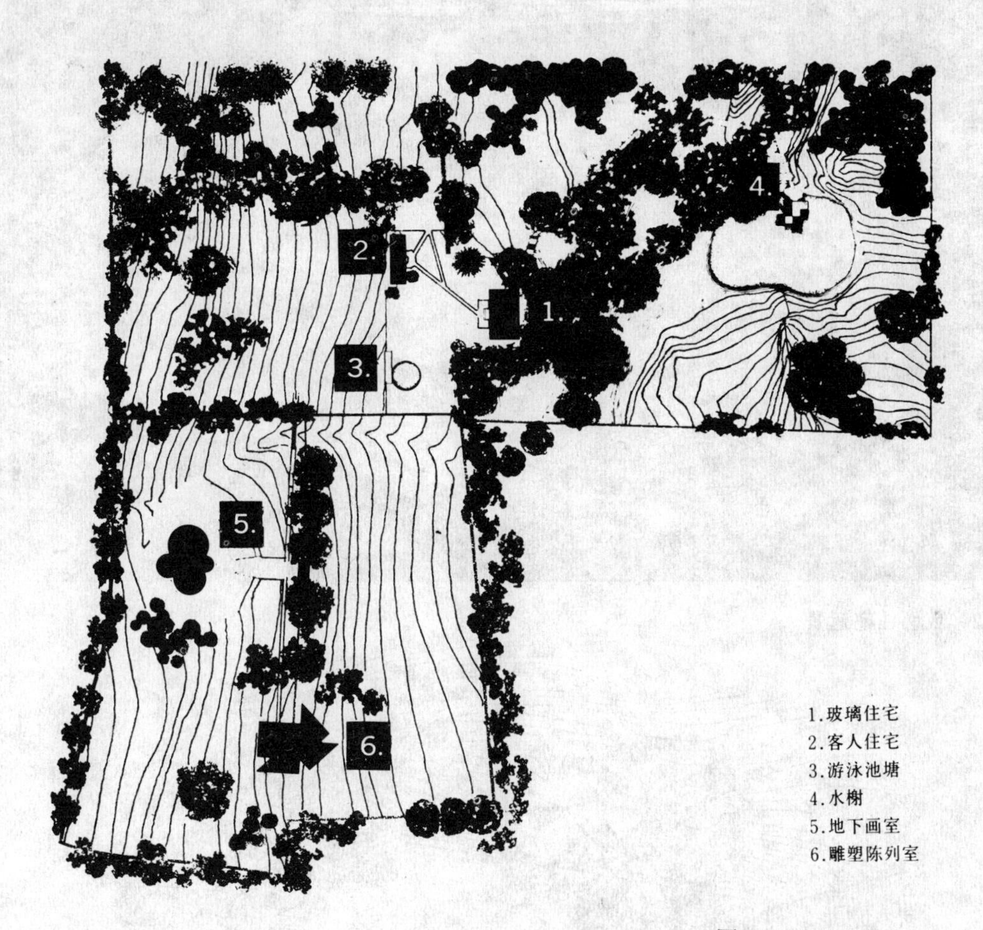

图 1-1　庄园总平面

这是座落在麻省坎布里奇分期建成的庄园。该庄园从1949年到1971年建设了以下四部分：玻璃住宅、客人住宅、游泳池和水榭、以及地下画室和雕塑陈列室。70年代末又兴建了工作室和图书馆，形成居住—工作—接待有机组合的综合体。全园总用地为40英亩。

·玻璃住宅（Glass House）

该住宅建于1949年，比密斯的玻璃住宅（**Farnsworth House**）要早，但仍包含了密斯的构思，不同之处在于它更富于对称性和古典性。房屋平面为32×56呎，高10.5呎，四面是墙，中央开门，红砖地、白地毯、一组引人注目的沙发，中央圆形浴室和烟囱采用与地板相同材料，并不分割空间，却使空间更为流畅。当人们进入深色钢结构所限定的空间后，虽然可以见到居室内任何一个部分，却有着明显的中心感和亲切感，四周玻璃外墙又把室外景色引入，意境愈加深远和恬静。密斯的玻璃住宅采用白色钢结构，住宅是平台的一部分，室内即是室外，空间有强烈的流动感。

图 1-2　玻璃住宅远景

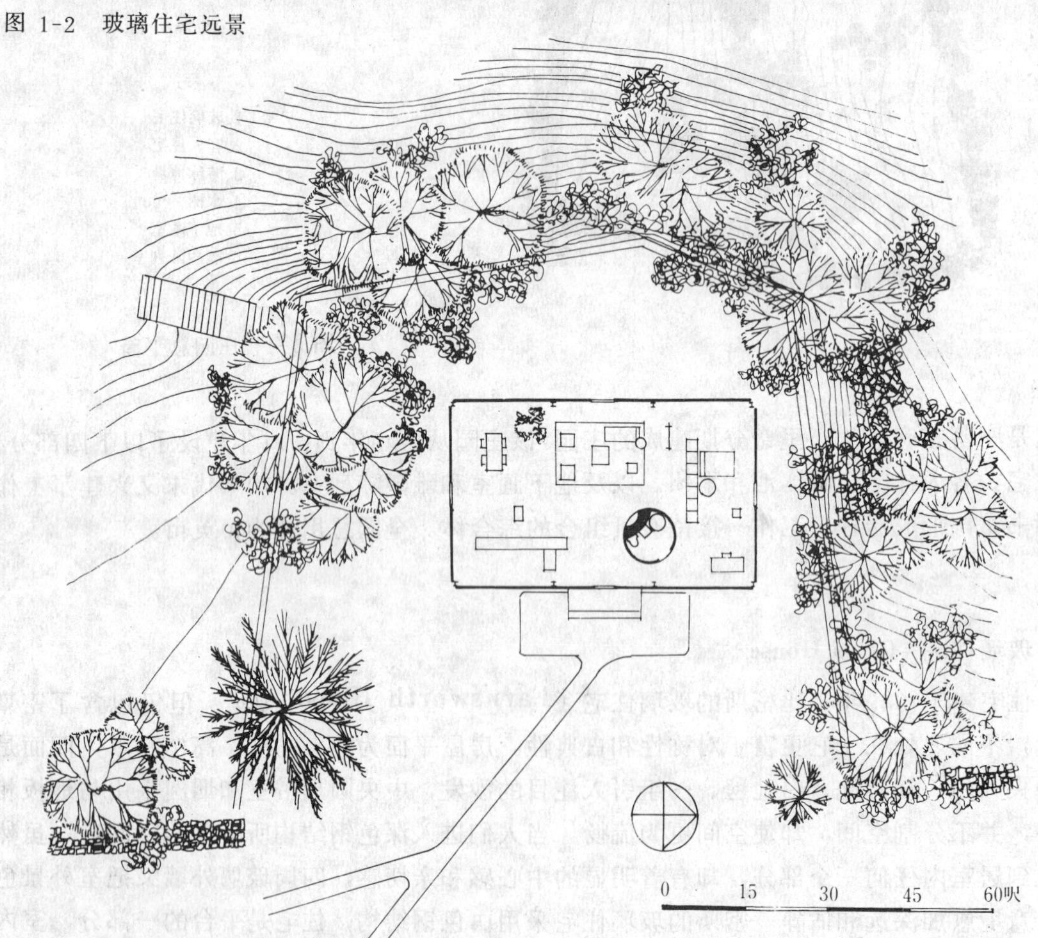

图 1-3　玻璃住宅平面

图 1-4　玻璃住宅外景

图 1-5　玻璃住宅内景

图 1-6　客人住宅外景

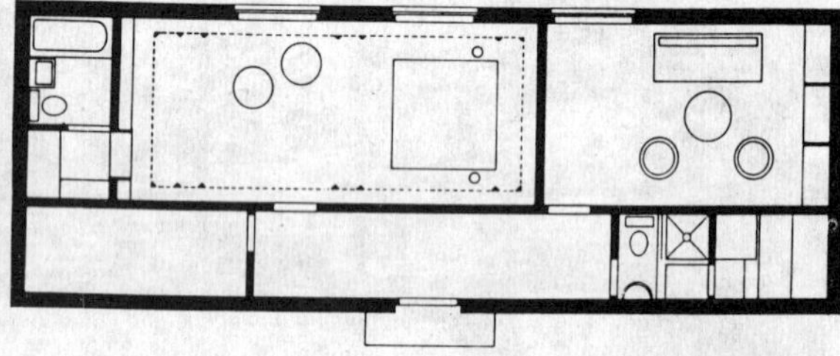

图 1-8　客人住宅平面

图 1-7　客人住宅卧室

·客人住宅（Guest House）

住宅座落在庄园的一角，安静而又与主人的玻璃住宅有方便的联系。平面简洁、紧凑，主客房的室内装饰呈拱券式，带有浓厚的古典色彩。

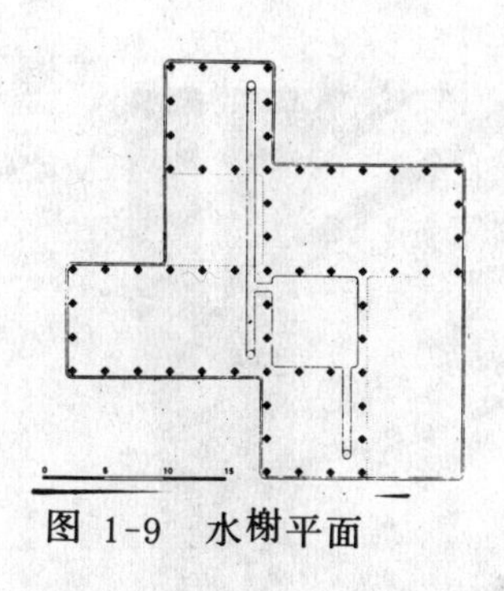

图 1-9　水榭平面

· 水榭（Pavilion）

这是座落在池塘边、高仅6呎的一座小型建筑，平面为8×8呎，组合自由，或有顶，或开敞，或为水体。中央有一小潭高于一旁池塘水面，潭四周是放射形小沟，沟中置有金属薄片，水流时发出叮咚声。池塘中有喷水柱高达100呎。该建筑的设计意图是建筑小型使来访者显的高大，感到小型化和复杂化的乐趣。

图 1-10　水榭

图 1-11　水榭近景

图 1-12　工作和图书馆正面入口

·工作和图书室

约翰逊说玻璃住宅四周来回跑动的松鼠太多，使他无法安心工作，因此70年代末增建了庄园的第六个建筑。该建筑与玻璃住宅相距仅3分钟，建筑外观简洁，平面为5×20呎，高10呎。除入口3×7呎，窗5×10呎外，全部为实墙。室内四周都是书，自然采光，在工作台上方设有天窗1.5×4呎，窗玻璃采用暗色，无直射阳光。整个室内色调柔和，无任何外界干扰，使主人消磨在这里的周末二天时间，能发挥充分效率。

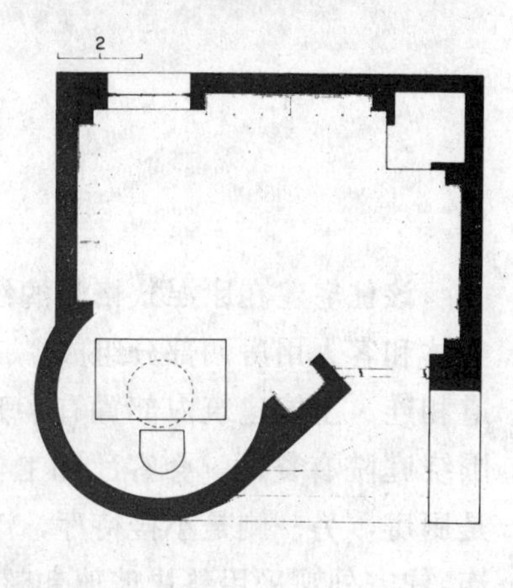

图 1-13　内景之一（上）
图 1-14　内景之二（下左）
图 1-15　平面（下右）

2 霍德逊住宅

Hodgson House, New Canaan, Connecticut, 1951

图 2-1　住宅外景

该住宅建在康涅狄格州的纽坎南。住宅由主体和客人用房两部分组成，二者之间有一廊道相连。主体建筑内部置有半开敞玻璃庭院，围绕庭院有餐厅、会客厅和工作室。餐厅一侧是厨房，另一侧是小接待厅，工作室与卧室相连。住宅外观采用整块玻璃和整块实墙相结合，形成强烈的虚实对比，并把周围优美景色引入室内。

图 2-2　住宅室内一角

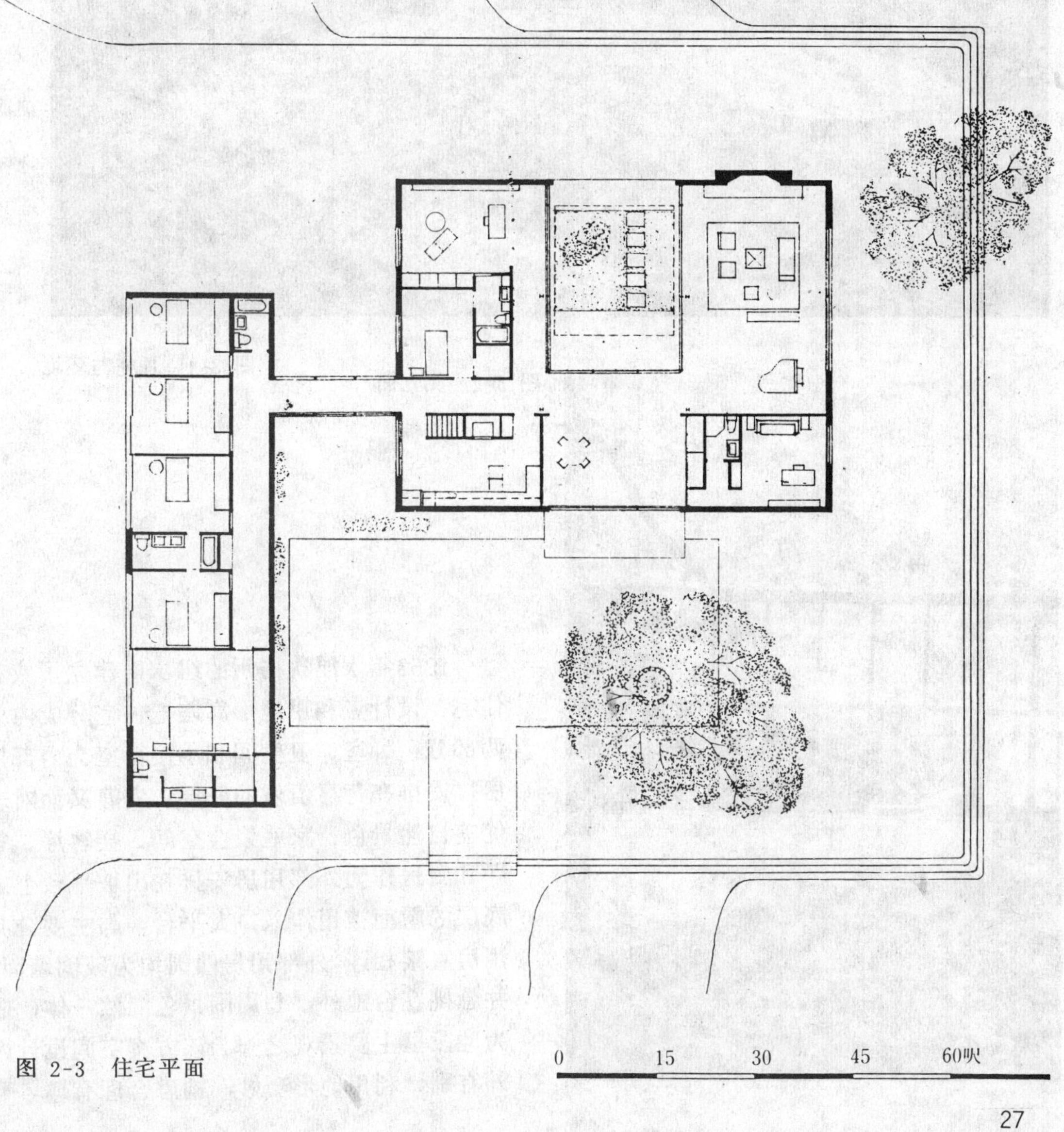

图 2-3　住宅平面

3 威利住宅

Wiley House, New Canaan, Connecticut, 1953

图 3-1　住宅与环境

图 3-2　侧立面

1953年康涅狄格州的纽坎南建立了威利住宅。设计者利用地形高差把住宅分成内外两部分：卧室、卫生间和小接待室为内部用房，安排在背靠山坡的底层，安静又面对着优美自然景色；家庭聚会空间、会客厅、餐厅和厨房作为外部用房安排在山坡平台上。底层的屋面被用作入口大平台，与主要公共用房直接相连，外部用房四周均为玻璃墙面，并悬挑在台地外，与周围景色混然一体，成为地段里主要景观之一。该方案空间设计内外有别，利用地形巧妙．构思合理有趣。

图 3-3　内景

图 3-4　平面

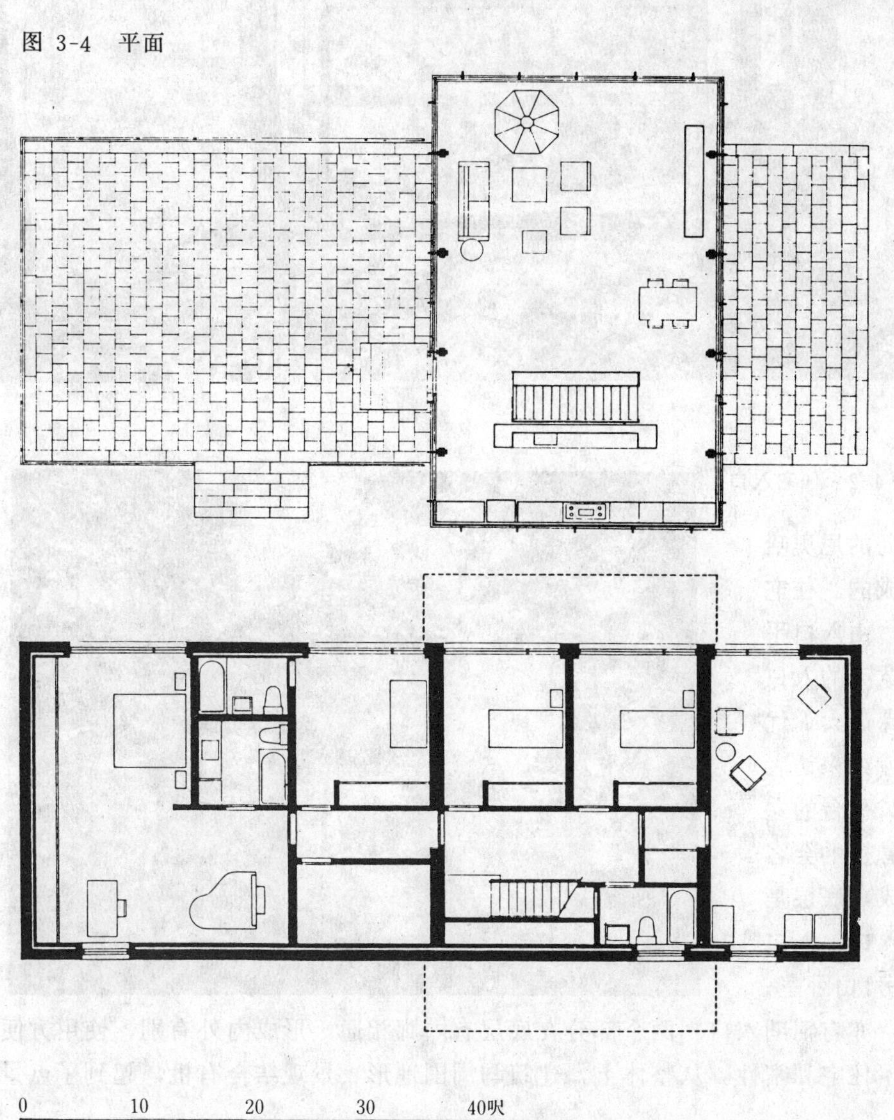

尼奥哈特住宅

Leonhardt House, Lloyd's Neck, Long Island, New York, 1956

图 4-1 悬挑部分

图 4-2 住宅入口

座落在纽约长岛的尼奥哈特住宅是1956年建成的。住宅有明确的功能分区，由入口平台把两部分相连，宽大的入口平台中央保留有一棵高大、优美的树木作为对景，给来访者以鲜明的个性。入口平台的左方是对外部分，由悬挑的会客厅、餐厅和厨房组成，底层是客房，厨房有辅助入口。入口平台右方是内部用房，由卧室、小型会客室等组成，亦有辅助入口。两个部分在底层有内廊相通，形成内外有别，使用方便的平面布局，增加了住宅私密性。从整体上，建筑与周围地形、景观结合有机，起到了点景和组景作用。

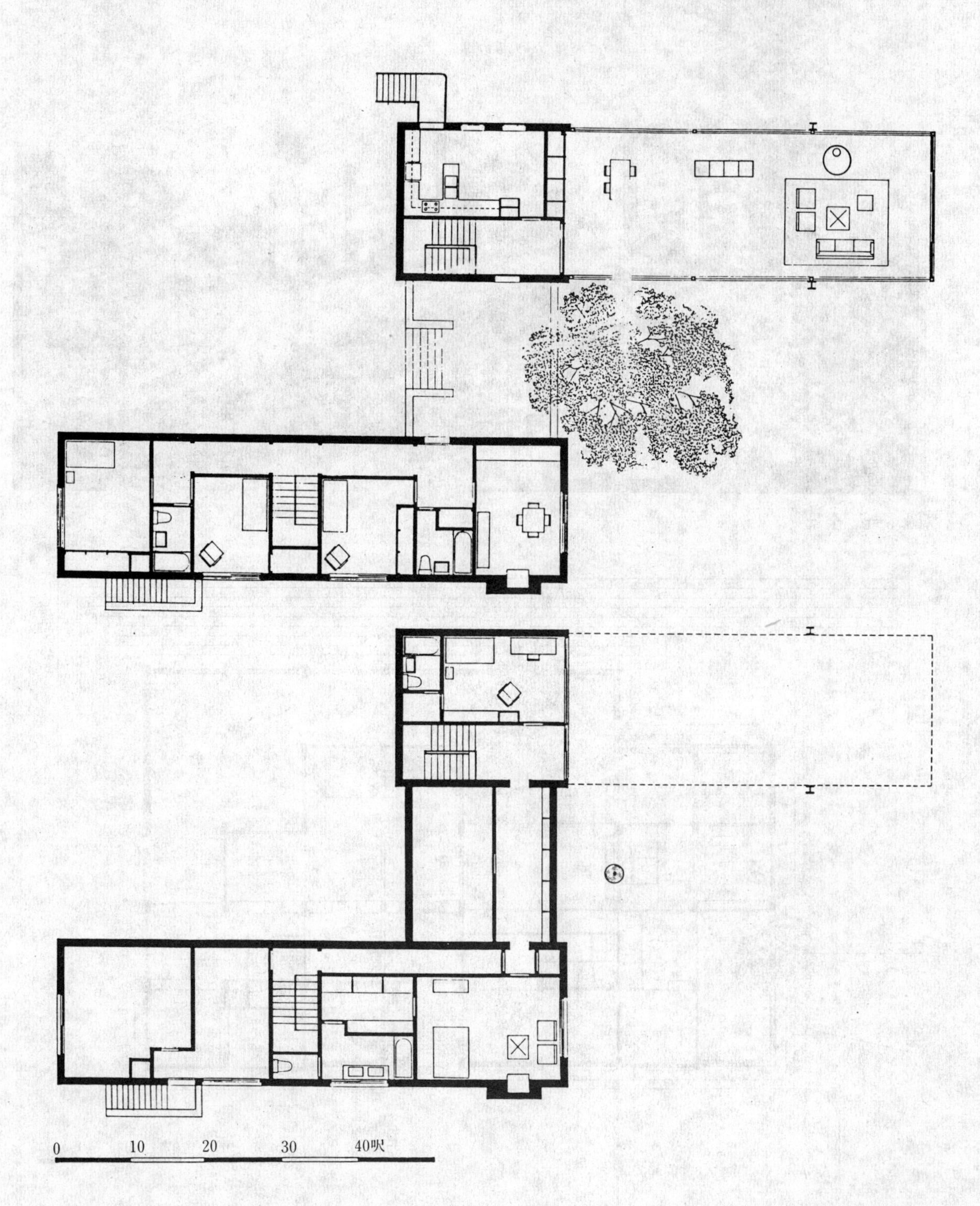

图 4-3 平面

5 波森纳斯住宅

Boissonnas House I, New Canaan, Connecticut. 1956

图 5-1　全景

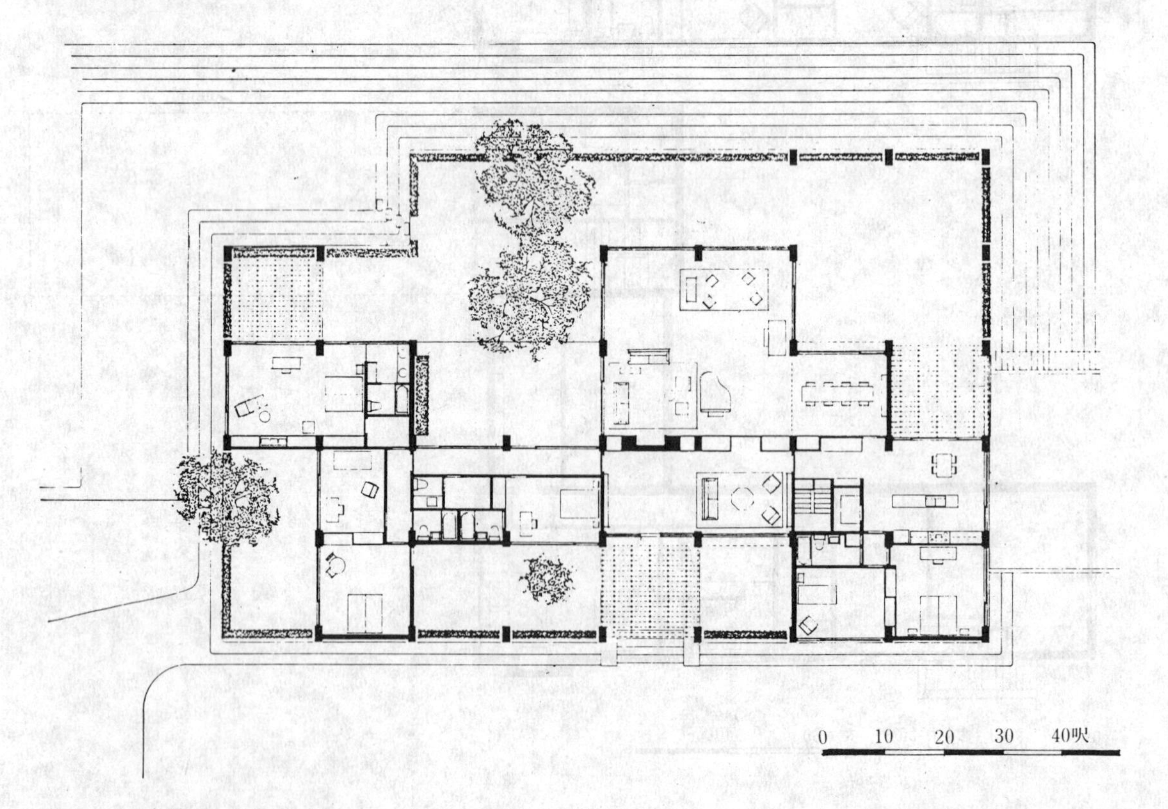

图 5-2　平面

该住宅是1956年建于康涅狄格州的纽卡耐。建筑座落在一山坡地上，以规则的方格柱网作为整体构架，形成合理的平面布局和灵活的空间结构。主入口通过一个半围合的庭院进入门厅，右边是会客厅、餐室、厨房和两间次要卧室，左边是主卧室和工作室等。由方格柱网构成或封闭或开敞的空间，加上宽敞的内部庭院，造成富于变化的景观，使各个房间均有良好的视野，同时又产生了室内空间得以扩大、外延的效果。该住宅1964年又进行了适当的扩建。

图 5-3　立面（上）
图 5-4　住宅庭园（中）
图 5-5　1964年扩建部分（下）

6 孟逊·威廉·普洛克托学会艺术博物馆

Art Museum of Munson-Williams-Proctor Institute, Utica, New York, 1960

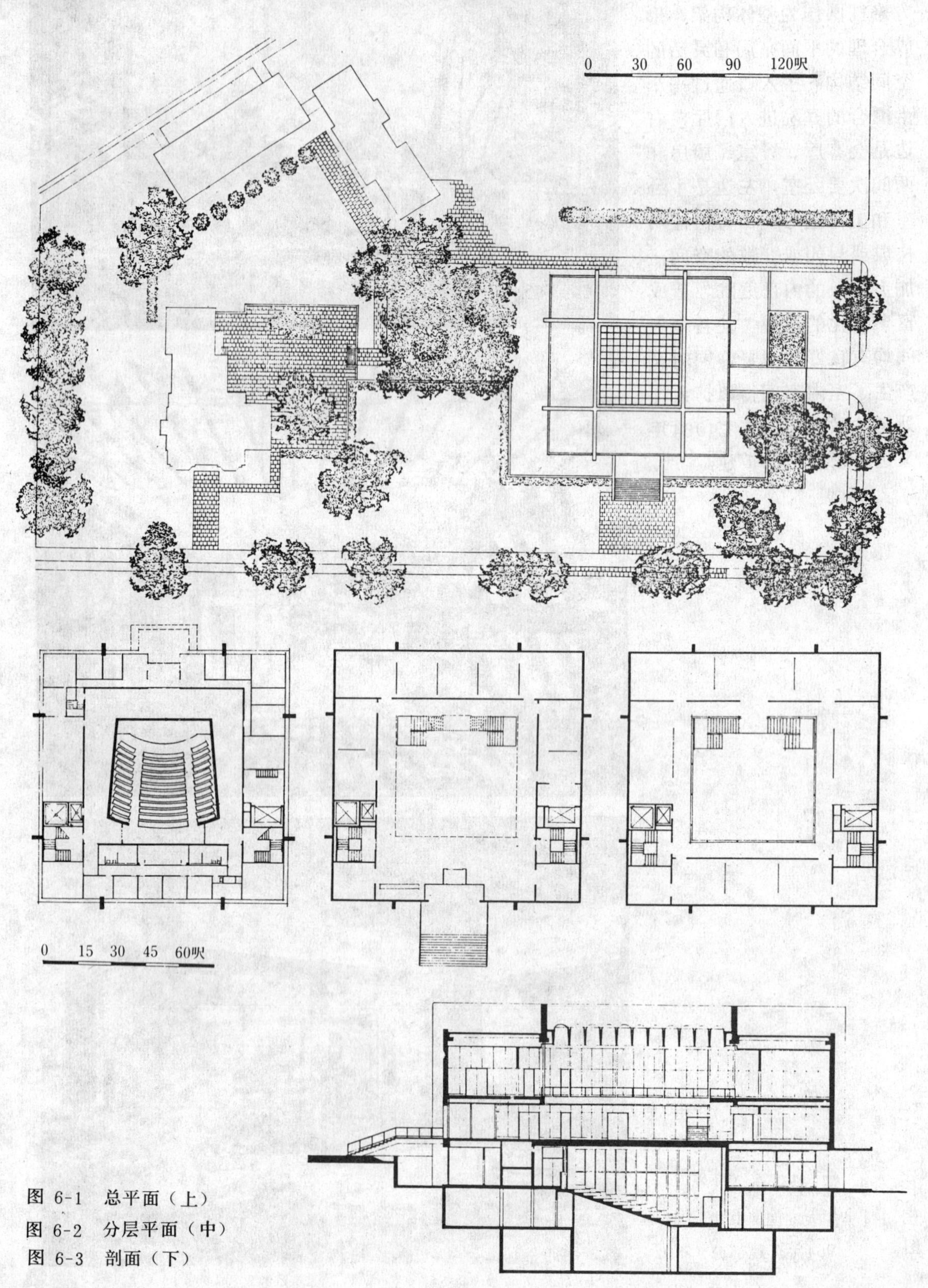

图 6-1 总平面（上）

图 6-2 分层平面（中）

图 6-3 剖面（下）

图 6-4　外景立面

图 6-5　内庭一角

该美术馆建于1960年纽约州的犹迪卡，是艺术中心的一部分。建筑平面呈方形，布局对称严谨。建筑面积约14000呎²。中央入口处的大厅净高30呎，为玻璃顶并带有发光顶棚，因此昼夜光线明亮，好似露天庭院。大厅下部是半地下讲堂（300座）、办公室和图书馆，大厅四周布置全部人工照明的展室。建筑外观为黑色花岗石贴面，两边有包氧化铜的扶壁与屋架相连成为建筑骨架。台阶与挡土墙是灰色花岗石，与微微内凹的半地下连续窗井形成整体，收到突出上部实体，使之浮在地面样的效果。有人评论这是“花岗石包起来的工业美学”，作者认为该建筑具有“文化的民众性”，说他“试图创造一种空间，人们可以带着从外地来的老奶奶一起参观”。

7 阿蒙·卡特西方艺术博物馆

Amon Carter Museum of Western Art, Fovt Worth, Texas, 1961

图 7-1　外景

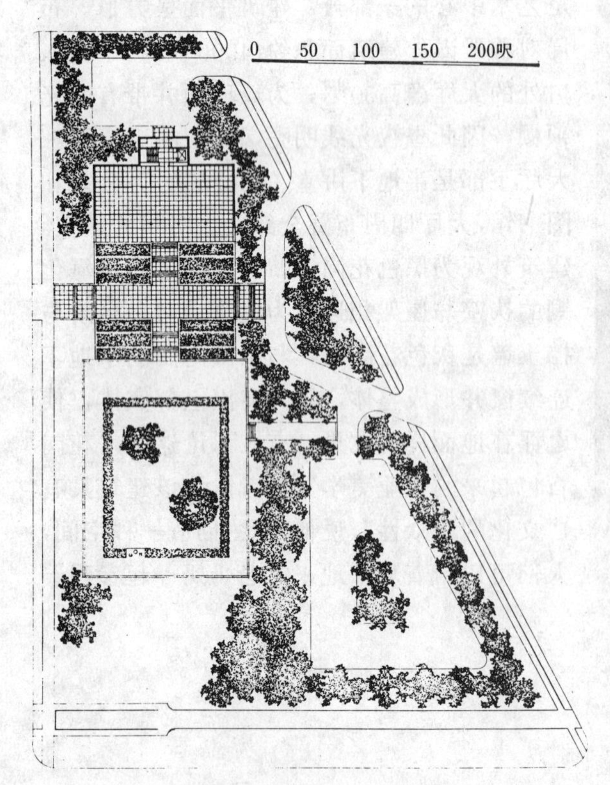

图 7-2　总平面

该馆于1961年在德克萨斯州的福特沃尔斯建成，以展出美术作品和服饰艺术为主。建筑体型不大，总面积约740m²，座落在广场上，利用地形变化，形成层层叠叠的高台。外观是简单的几何形体，由五根锥形柱子支承着五跨扁拱，形象典雅优美。建筑平面简洁,柱廊内是大展厅，大展厅后部是十个小展厅，分两层设置。其它为电梯和服务用房。花岗石地面，剁斧石外墙，钢栏杆，钢门窗。展室内自然采光和人工照明相结合，并备有自动火警系统和盗警系统。

8 塞尔登纪念美术馆

Sheldon Memorial Art Gallery, University of Nebraska, Lincoln, Nebraska, 1963

图 8-1 外景

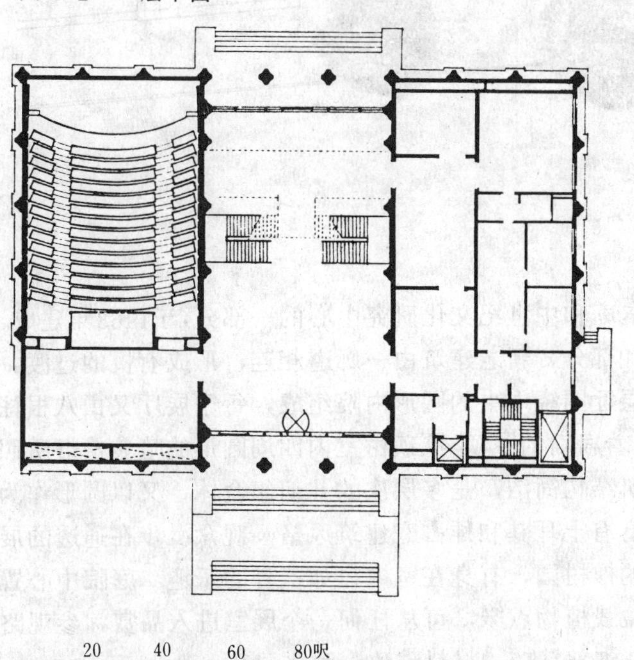

图 8-2 一层平面

该馆是为内布拉斯加州的内布拉斯加大学设计的。由入口大厅可直接通向设在二层的主展厅，一层为演讲厅和内部用房，地下为贮藏室。建筑由带曲面的十字型柱列所支承，外观古朴典雅，夜间柱廊为向上的灯光所强调，气氛更为突出。在开敞的入口大厅里，空间由楼梯和二层丁字形平台所分割，列柱的曲面和天花的曲线具有强烈的装饰性。该建筑把现代建筑技术与美学很好地结合在一起，被人称为“新古典主义”的代表作品之一。

9 前哥伦比亚艺术博物馆

Museum for pre_Columbian Art, Dumbarton Oaks, Washington, D.C. 1963

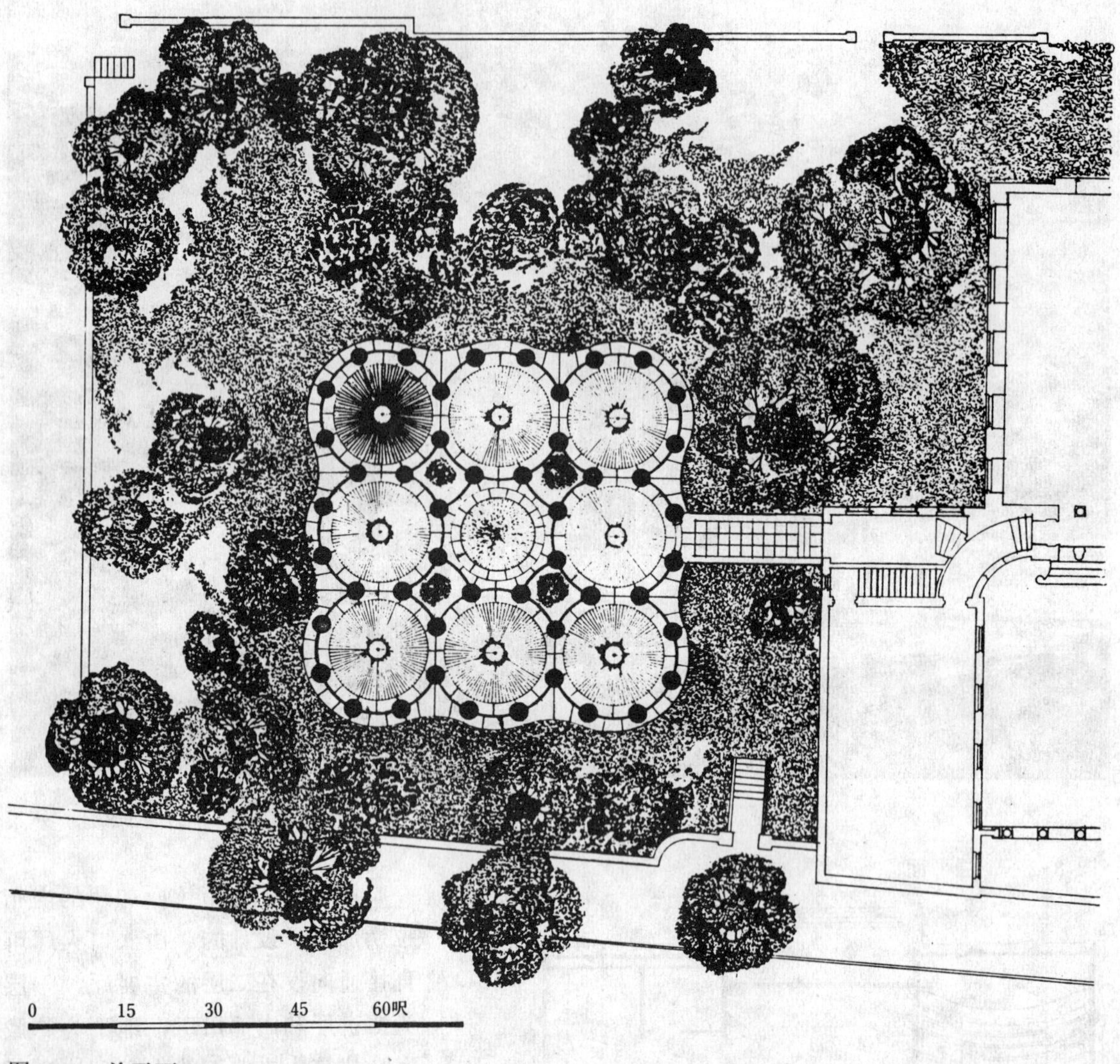

图 9-1 总平面

该艺术博物馆座落在华盛顿，是拜占庭和中世纪文化研究中心的一部分，于1963年建成。该建筑是一幢老式的乔治亚式大楼的添加部分，新老建筑由一廊道相连，形成有机的过渡。平面呈四方形，由排列整齐的八个圆形层厅围绕中央的圆形内院组成，每个展厅又由八根柱子围合而成。展厅直径25英尺，上面复盖着扁扁的穹顶。穹顶由室内四周圆形的暗装槽灯所照明，地面为圆形幅射状拼花木地板。建筑结构简洁，是多层次的几何组合体，又以圆形作为母题进行全方位设计，加上穹顶外观，富有土耳其和拜占庭建筑风格。观众漫步在通透的展厅与庭院中，举目四望，周围葱葱郁郁的橡树园，有身在室内宛如室外的乐趣。庭院中心置有喷泉水池，灰色日本砾石铺地，间有盆栽植物点缀，可从任何一个展室进入品赏，参观路线亦可灵活多变。整个建筑新颖、高雅，细部精巧，材料雅致，耐人寻味。

图 9-2　入口与连廊

图 9-4　全景鸟瞰（右中）

图 9-5　展室内景（右下）

图 9-3　入口大厅

10 现代艺术博物馆（扩建）

The Museum of Modern Art, East Wing and Garden Wing, New York, 1964

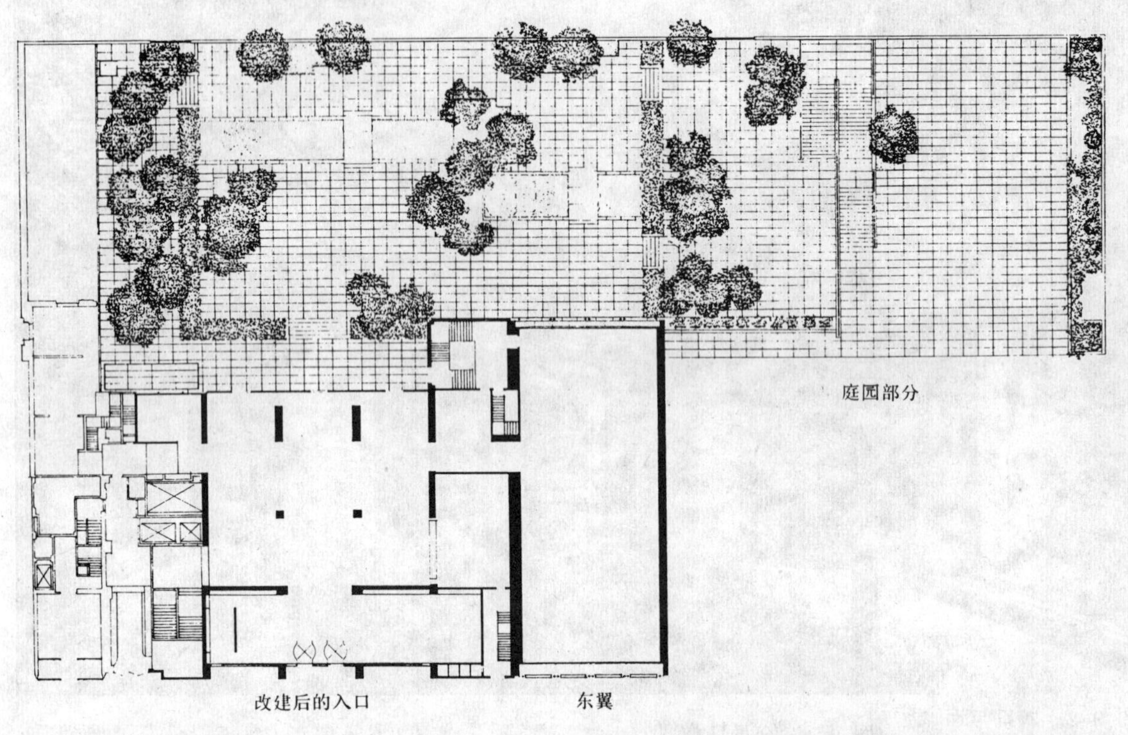

图 10-1　扩建平面

座落在纽约的现代艺术博物馆于1953年在哥特温和斯东大楼后部建起了雕塑园，又于1964年加建了东翼、庭院，改建了雕塑园以及上层平台。新增建的部分使参观人流从博物馆老楼可以直接通入花园西部，然后向左可去博物馆底层餐厅，向右可见到庭院里的水池、绿化、雕塑以及休息平台，把参观空间从室内引向室外。同时，在修建中适当加高了与马路相临的庭院外墙，避免了外界干扰，使庭院内的行进路线更为明确，展览气氛更为浓厚。

图 10-2　改建后的立面

图 10-3 庭园与雕塑（上）

图 10 -4 庭园一角（下）

11 南德克萨斯艺术博物馆

Art Museum of South Texas, Corpus Christi, Texas, 1972

图 11-1　立面透视

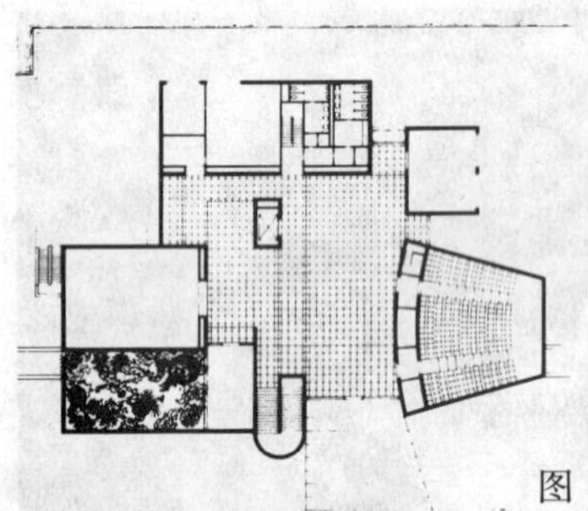

图 11-2　平面

图 11-3　展室内景

科普斯·克科斯蒂位于美国南部的墨西哥湾附近，是一个拥有25万左右人口的小城。城内离市中心不远有一个文化中心，是为100哩半径范围内的周围地区服务的。约翰逊和帕吉设计的艺术博物馆是一座造价不高的小型建筑，但对周围海湾绿地的环境有着明显的影响。该建筑采用了新的设计手法和材料，以几块拼接的混凝土实体作立面，代替当地传统的白灰抹灰墙面。入口巧妙地安在混凝土实体的交接处，由通道进入内部。二层高的大厅既是门厅又是展室，既可接待观众又可作正规的宴会厅。大厅四周是展室，二层展室可由大厅上空的天桥直接进入。近200座的讲演厅亦安排在门厅入口附近，出入方便。乳白墙面，灰门窗玻璃。这个可供多种用途使用的博物馆已成为当地的社区中心，吸引着众多居民。

12 波士顿公共图书馆

Boston Public Library, Addition, Boston, Massachusetts, 1966

图 12-1　立面透视

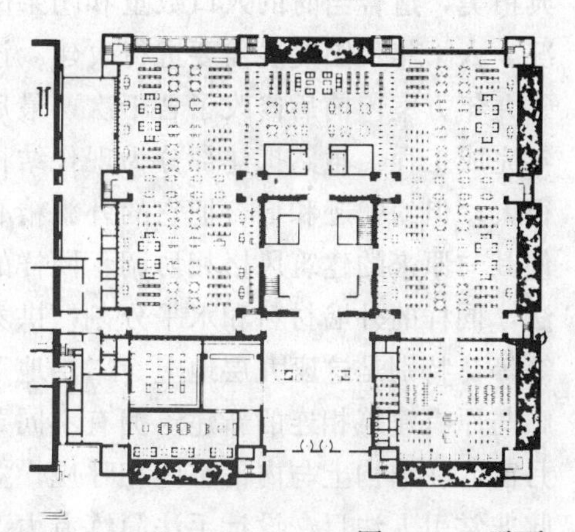

图 12-2　平面

图 12-3　门厅一侧

波士顿公共图书馆是1888～1895年**Mckim**等人设计建成的优秀作品，建筑采用了文艺复兴时期的式样，大厅内有大理石楼梯、庭园古典精美，适合当时的人口数量和闭架阅读的情况。六十年代因发展需要进行改建。该工程作了九年方案，前后修改了若干次，最后于1973年完成工程。虽然扩建部分为现代结构，跨度很大，但约翰逊和伯吉把它的外貌精心处理，使其与原来的建筑风格相协调：同样的屋顶作法，同样的外墙材料和水平分割，拱券的使用等等。特别是这座九层地上、二层地下、由走廊与原有建筑相连的新建筑拥有不同寻常的弦月窗，在结构上与内部空间相呼应，立面也因此非常引人注目，设计手法简练有力。建筑平面由三跨九块组成，中央是8层高带有玻璃天窗的大厅，高达60英尺，自然采光，成为带有古典色彩的纪念性空间。

图 12-4 阅览室内景

图 12-5 立面入口

图 12-6 大厅内天窗

13 纽约州立剧院

New York State Theater, Lincoln Center, New York, 1964

图 13-1 立面

1964年开始使用的纽约州立剧院是林肯中心围着广场的三个建筑之一。林肯中心广场面向城市街道，但在街道方向的入口处升起六级踏步，使汽车不能任意侵入，保持了广场空间的半封闭性和诱惑力。建筑师约翰逊、沙里宁、哈里森和S.O.M的本沙夫等人通力合作进行了总体规划和各自有关的设计。约翰逊在设计时刻意创造两个空间——一个是外部休息空间，另一个是内部观看演出的空间。前者是一个地面散步廊，长约200呎。后者是2729座的剧场，四分之三的座位安置在离舞台100呎以内的范围中，按欧州大陆式排列的座位从两边进入，四层挑台围绕正厅，排距约40吋。每个座位均有观看演出的好视线。前厅宽大、华贵，置有充满戏剧味的雕塑作为装饰，整个室内有一种节日的愉快和亲密的气氛。建筑立面采用古典式双柱，与林肯中心的其它建筑相协调。

图 13-2 二层大厅

图 13-3 入口大厅

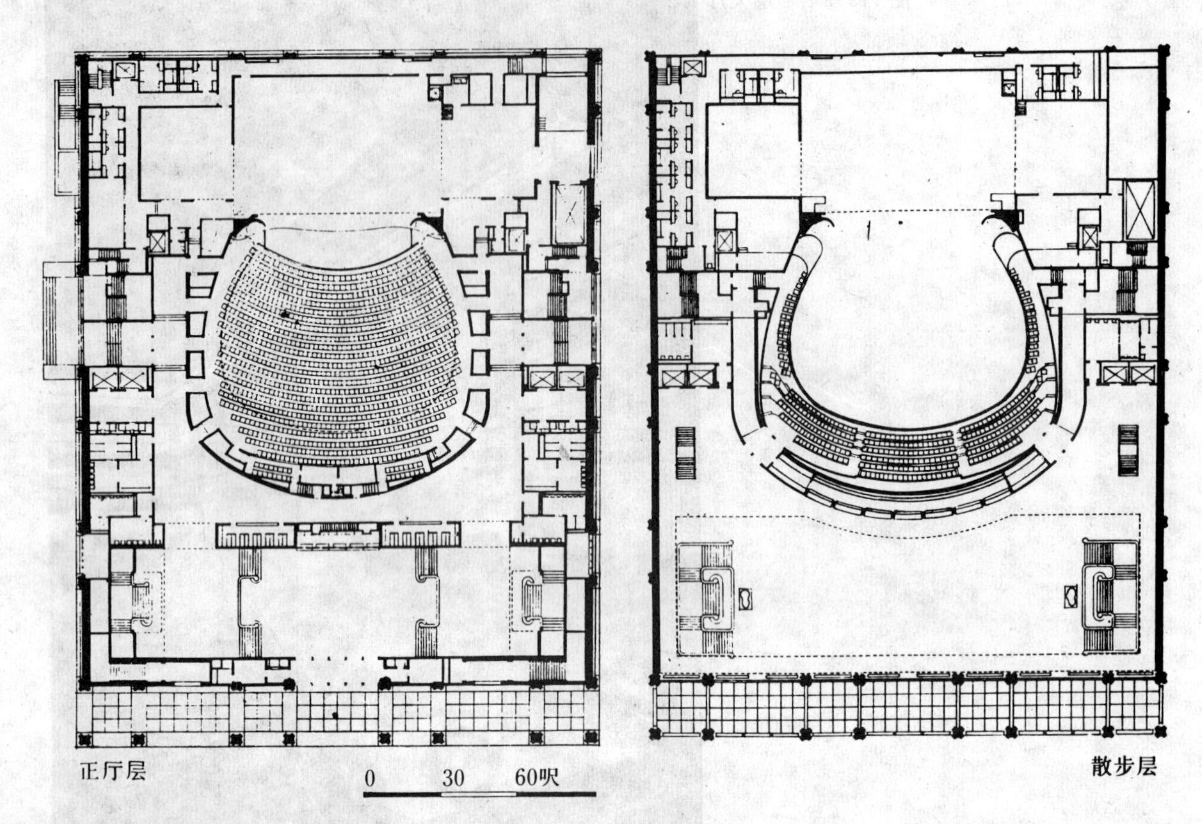

图 13-4 平面

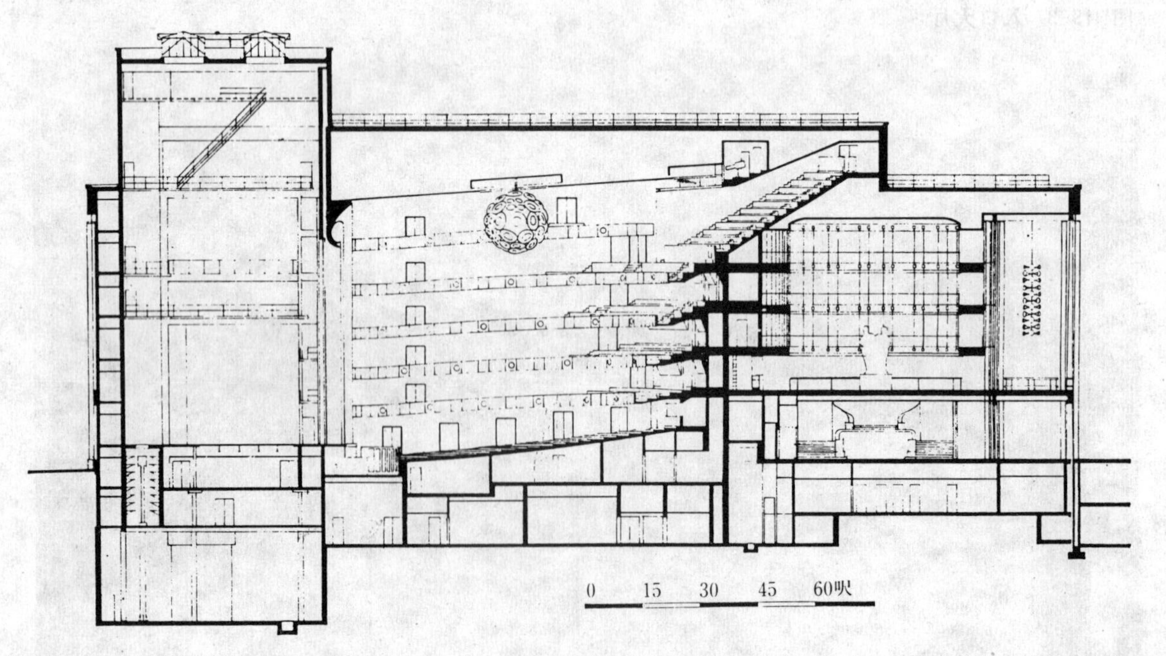

图 13-5 剖面

14 世纪中心

Century Center, South Bend. Indiana, 1977

印第安纳州南倍特的世纪中心是约翰逊和伯吉借鉴欧州中世纪城市空间模式，对建筑群体的一种构想。他们对原方案把文化和会议设施分散置于河旁的构想持否定意见，提出把这些设施结合成紧密的群体，既相连又相隔，共同分享一个公共门厅，如同欧州中世纪城市的狭窄弯曲街道通向中心广场那样，形成以门厅为中心枢纽的建筑整体。

该建筑组合体包括以下四部分：一个工业博物馆展出家庭手工艺制品，附设工场、研究室和展览廊；一个会议中心，面积约25000呎^2，附有私人会议室和宴会设施；一个艺术博物馆和一个600座剧场。连系上述四部分的有“街”和中央庭院。中央庭院是设计重点，它既是上述四部分的接待室又是剧院门厅，还可用来开宴会或节日鸡尾酒会，因此采用了与其它部分绝然不同的建筑尺度和材料：二层高大厅、三角形屋面，大理石墙面，白色柱子，临河有大片玻璃墙面可方便的赏河岸美景。“街”是分隔和连系各部分的交通空间。人们从入口可通过“街”直接进入中央庭院并到达其它部分，“街”的一头通向停车场，另一头与公共汽车站相接，还可到达河对岸的人工岛。

图 14-1 立面透视

图 14-2 室内步行“街”

图 14-3 入口立面外景

图 14-5 带三角形屋架的中央庭院

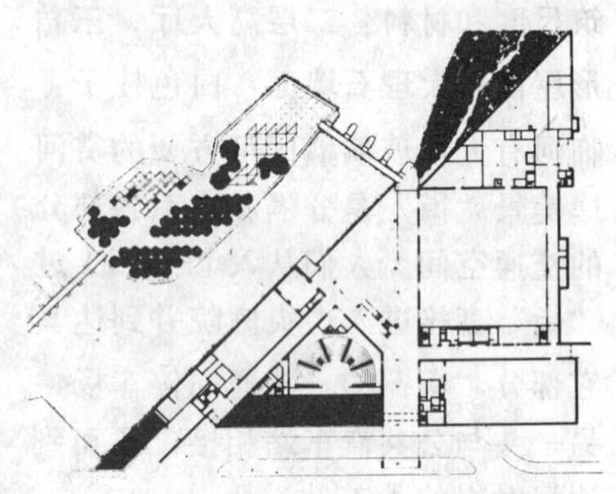

图 14-4 平面

15 戴德郡文化中心

Dade County Cnltural Center, Miami, Florida, 1977-82

图 15-1 水景（由水池西望图书馆）

图 15-2 图书馆前广场

图 15-3 平面

佛罗里达州的迈阿密在1977—1982年间建成了戴德郡文化中心。该中心位于市中心西部，在39英亩政府中心里，占地3.3英亩，由三个主要建筑围绕中央33000英尺^{2}的人行广场组成。建筑整体带有地中海西班牙形式和格调，这不仅由于迈阿密的温暖气候和当地有西班牙建筑的历史传统所致，也是因为有20年代的建筑式样的影响。广场高出道路14英尺，构成富有领域感的空间，又能方便进入周围三个主要建筑：图书馆、艺术博物馆和历史博物馆。建筑采用西班牙红棕色粘土筒瓦顶、毛石基础、粉红色抹灰墙面、拱洞式的遮阳门廊和拱形小窗。广场作为游人平日休息和节日活动场所，用红棕石铺路面，其它各处铺地与墙相协调。

图 15-4 艺术博物馆外景之一

图 15-5 历史博物馆外景之二

16 皮阿利亚市政中心

Peoria Civic Center, Peoria, Illinois, 1982

图 16-1 全景

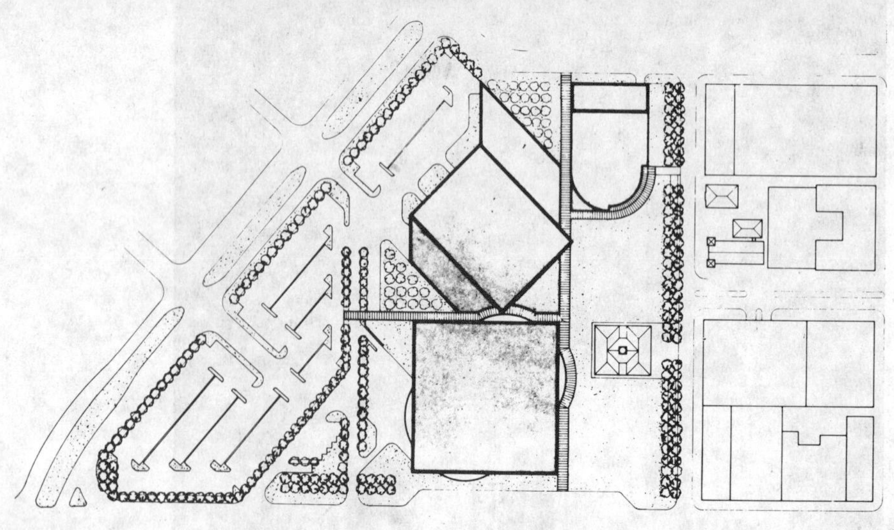

图 16-2 平面

皮阿利亚是伊利诺斯州的一个小城市，如同美国其它中小城市那样，正经历着人口和商业活动逐步向郊外迁移的变化，因此该市中心的设计和建设被付以吸引居民回来的重任。在梯形地段上靠市政厅一边布置了围着广场的三个建筑：最大的是9000座的体育竞技场，平面由正方形附加一个椭圆组成；与该馆相邻的是展览和会议中心，平面为一个转45°的正方形，以尖角对着广场和体育竞技场；靠水边是马蹄状的剧场，对着广场的门厅全部采用玻璃，厅内电梯也采用玻璃外壳，使电梯乘客可以清晰见到门厅和广场上人流活动情况。这三个绝然不同几何形体的建筑物，通过在空间上相通，外形上取得协调的连续走廊，把三幢建筑连为整体。建筑物前的广场为人们提供了越过广场欣赏法兰德斯式市政厅的良好视野，和城市居民活动的公共空间。

图 16-3 剧场门厅

17 新克利夫兰游乐场

New Cleveland Play House, Cleveland, Ohio, 1983

图 17-1 游乐场外观

这是当地最古老的定期换演节目的剧场，离市中心约4哩。1980年到1985年俄亥俄州的克利夫兰买下了在恩克列特大街上为9个街区以外的教堂服务的这座演出场所，进行了全部改造。在原来百货商店前增建了644座的新剧场，老建筑的空间用作新剧场的后台、仓库和演出化妆室等内部用房；在原来剧场前增建了一个厅为观众服务；又在新老剧场之间添加了一个全部为人工照明的多功能工作室及若干供出租小空间；最后在多功能工作室前加建了一个穹形屋顶的大空间，作为新老剧场以及多功能厅之间的核心，使建筑形成整体，又提供了一个中央出入口。为了保持原有建筑的适中尺度，新建筑继承了原有的体量和高雅格调，每一个厅都有不同的几何形状和地面纹样，外形为中世纪城堡的组合，是一所典型的新古典作品。

图 17-2 剧场侧厅

图 17-3 新剧场前厅

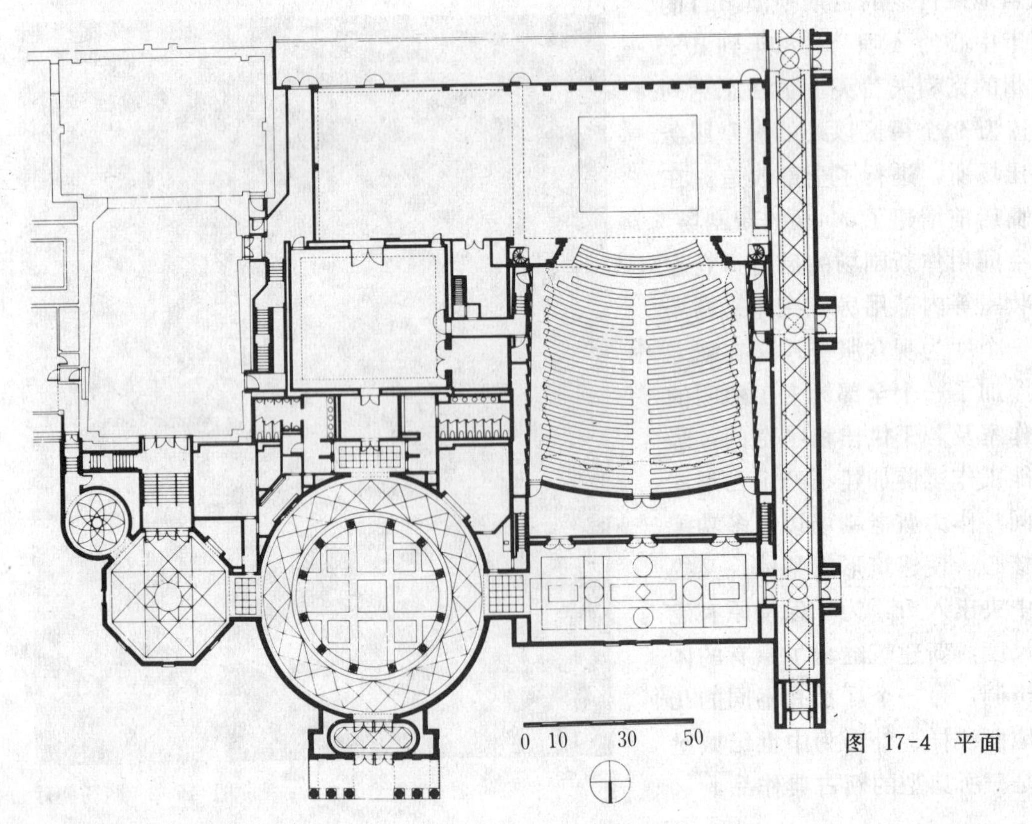

图 17-4 平面

18 原子反应堆

Nuclear Reactor, Rehovot, Israel, 1960

这是约翰逊1960年在以色列雷霍沃特的作品。设计者利用混凝土塑造了一座人工纪念碑——在荒芜的沙漠里，一个庞大的堆体高高耸立在低矮的附属建上，带有垂直双曲抛物面外形的素混凝土堆体在阳光照射下，光影变化丰富，附属建筑微微倾斜的实墙，又进一步强调了建筑整体感和力度感。这所令人印象深刻的建筑雕塑还有着能充分表达空间节奏和序列的平面，入口是轴线的起端，从入口处可见到内部庭院和轴线另一端的堆体，指示着人们向目的地行进。所有辅助用房包括工作室和内部服务用房均围绕庭院布置，向内院开窗。整个平面对称简洁，使建筑形式与空间结构得到最有机的配合。有人称这个设计的构思具有印第安神庙的精神，也有人认为建筑形式来自埃及。

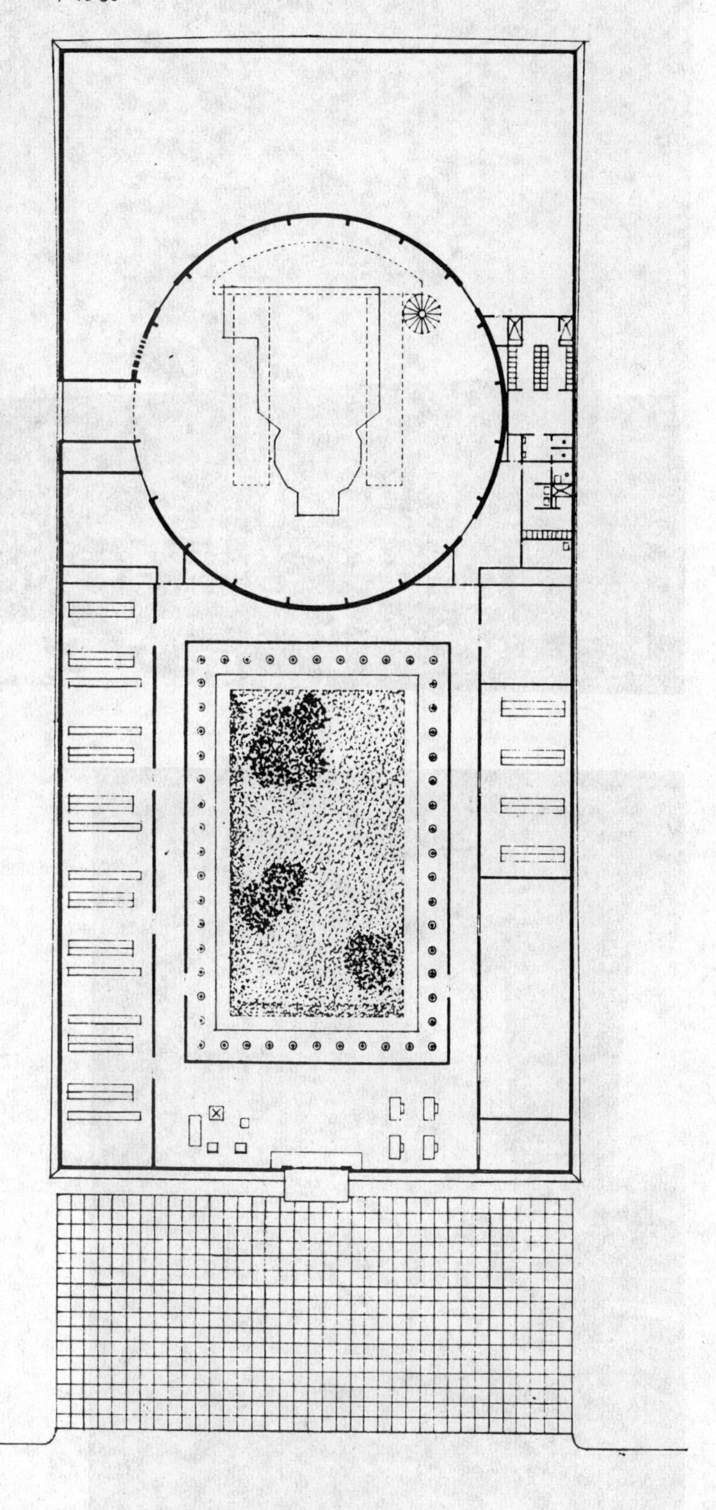

图 18-1 反应堆平面

图 18-2 反应堆远景

图 18-3 入口处眺望内院

19 克莱因科学中心

Kline Science Center, Yale University, New Haven, 1965

这是1965年建造在纽哈文耶鲁大学小山丘上的一个教学实验楼。菲利普·约翰逊和理查德·佛斯特通力合作，让这个17层高塔，有力地耸立在大学校园一角的台地上，成为校园内主要道路的对景，担负起标志性建筑物的职能。建筑平面规整，立面具有传统风格，浅紫色磨光花岗岩立柱高大粗壮，断面为圆形，直通顶部，在窗下墙位置架有脱空的呈红色的石板，形成变化丰富的光阴效果，深色窗玻璃加强了立面的凹凸起伏和雕塑感。建筑位于山丘平台的一角，平台四周有连续柱廊围成院落。院子入口在平台的另一角上，有一宽大的缸砖铺地直通到大楼。山丘、平台、柱廊、院落和克莱因科学中心大楼紧密结合，形成有机整体。约翰逊曾谈到该建筑是吸收了西班牙建筑师戈地的手法。

图 19-1 科学中心立面透视

图 19-2 立面细部

图 19-3 建筑上部

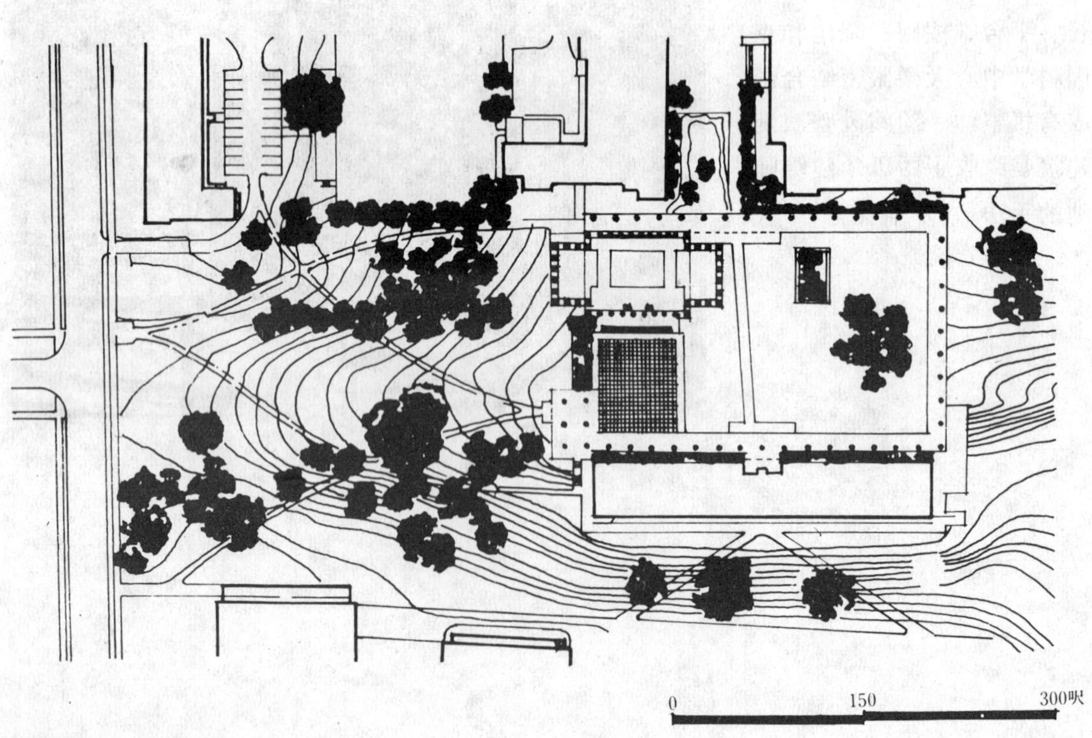

图 19-4 总平面

20 休斯敦大学建筑系馆

College of Architecture, University of Houston, Houston, Texas, 1985

图 20-1　系馆全景

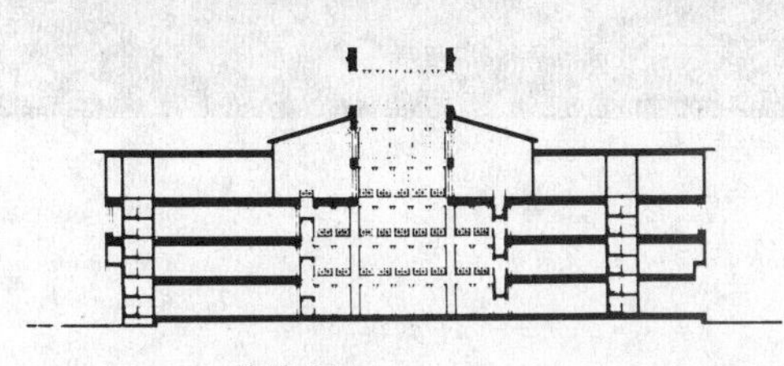

图 20-2　系馆剖面

在1985年建成休斯敦大学建筑系馆以后，约翰逊曾谈到这是一幢精心设计而又表现适度的建筑物，手法简练而又不乏人情味，以此来适应校园建筑的特征。在休斯顿大学校园里，建筑形式混杂，该馆被安置在主要道路的中央，从停车场去校园的入口处，担负着校园标志性建筑物和美化校园的作用。建筑高四层，面积约153，000英尺^2，中央有一个自然采光的大厅，厅内有红水磨石饰边的深灰和浅灰方格水磨石地面，由抹灰柱和预制铝金属栏杆所包围，提供展览、设计评图、讲演会、招待会和舞会等多种用途，既是公众从停车场进入校园的公共通道，又是各种学科的学生平日聚会场所。建筑立面带有古典色彩，小花拱券和门窗比例都设计得恰如其份，高达六层的采光顶窗外观为典型的西方古柱廊形式，高耸在立面山花后方，从校园内任何一个角落都可以看到，使人很容易联想起渊源悠长的文化历史传统，有力地渲染了高等学俯的人文环境。

21 纽约以色列犹太教堂

Kneses Tifereth Israel Synag

图 21-1 教堂立面外景

该教堂是1956年的作品，建在纽约州的波特彻斯特。由简单几何形体—长方、方形和椭圆组合而成的平面中，长方形的教堂大厅是建筑主体，圣坛被安置在纵轴线端部，加强了庄严气氛。大厅中部的一边是方形的附属用房，包括休息室和工作室，另一边可通向椭圆形的入口门厅，弧形外墙使每个来访的客人感到亲切。功能分区明确，设计手法简洁。建筑主体外观为国际式方盒子，利用混凝土的可塑性，形成图案式窄窗，以便在封闭的大厅有自然光线投入，因侧壁较厚，故光线不会造成眩光，而又在光影和材料上与实墙形成强烈对比。大厅内装饰性天花呈拱状，带有古典色彩。

图 21-2 教堂内景

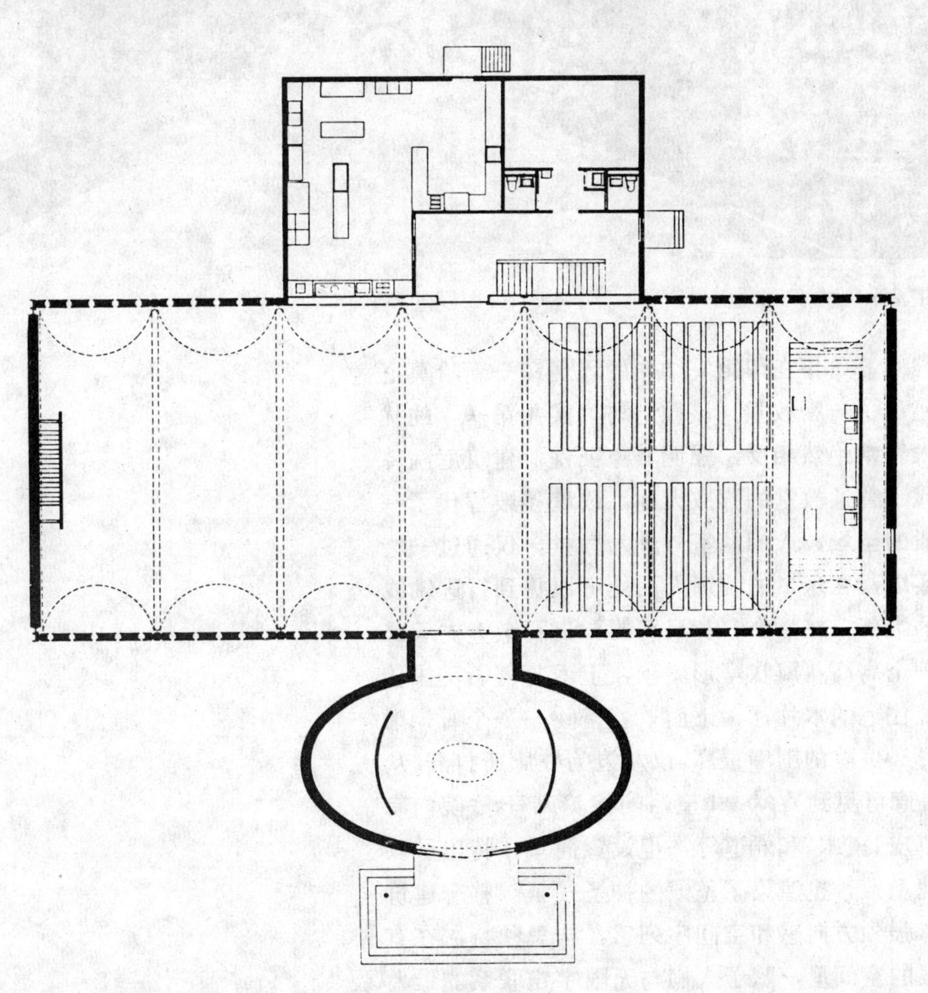

图 21-3 平面

0 10 20 30 40呎

22 无顶教堂

Rofless Church, New Harmony, Indiana, 1960

图 22-1 入口

1960年在印第安纳州的玫瑰镇—新哈莫尼建造了一座教堂，该教堂与“实用第一”的犹太教堂绝然相反，强调其象征性。建筑庭院替代了普通教堂的弥撒大厅，玫瑰圣殿替代了一般的圣坛，人们从室外进入教堂，仅通过一堵实墙，在入口的装饰大门处可以见到行进轴线的端部—在六个10英尺高的石灰石墩上支承着一个高高花瓣状穹形屋顶，上面复盖着美国传统住宅的木片瓦，下面罩着圣物——一个青铜雕塑。庭院的围墙很高，仅左边为柱廊所打断，从柱廊可见到**Wabash**崖峪的优美风景。庭院内有草皮、树木、和甬道等，但设置简单，特出了玫瑰圣殿，也渲染了圣殿的神圣气氛。整个建筑有强烈方向感和空间序列感，构思独特，在有限的空间里，赋予人们与无限宇宙联系的最大可能性。

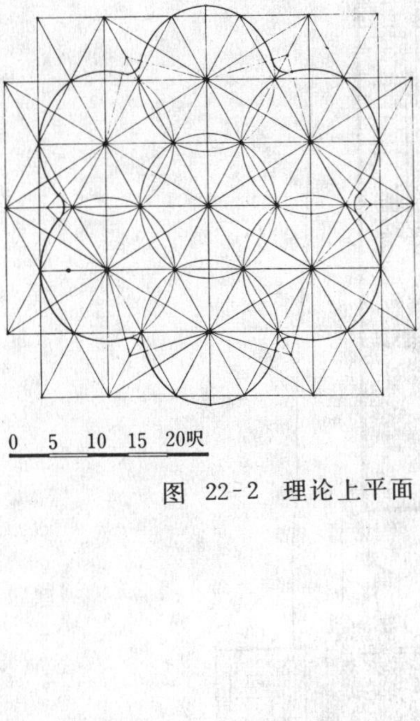

0 5 10 15 20呎

图 22-2 理论上平面

图 22-3 圣坛

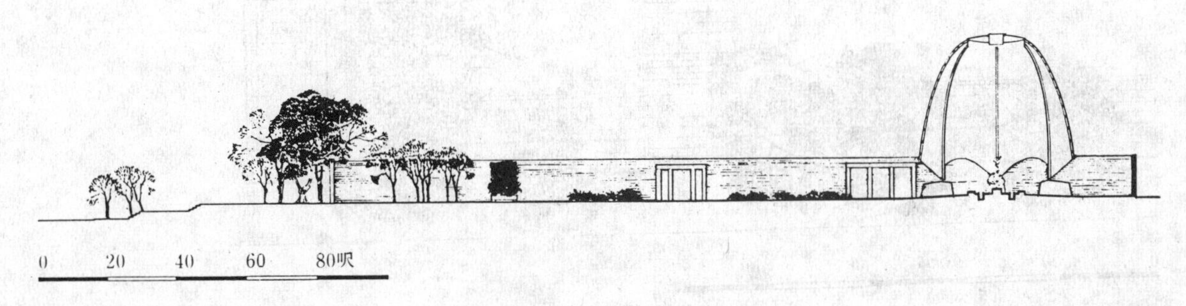

图 22-4 剖面

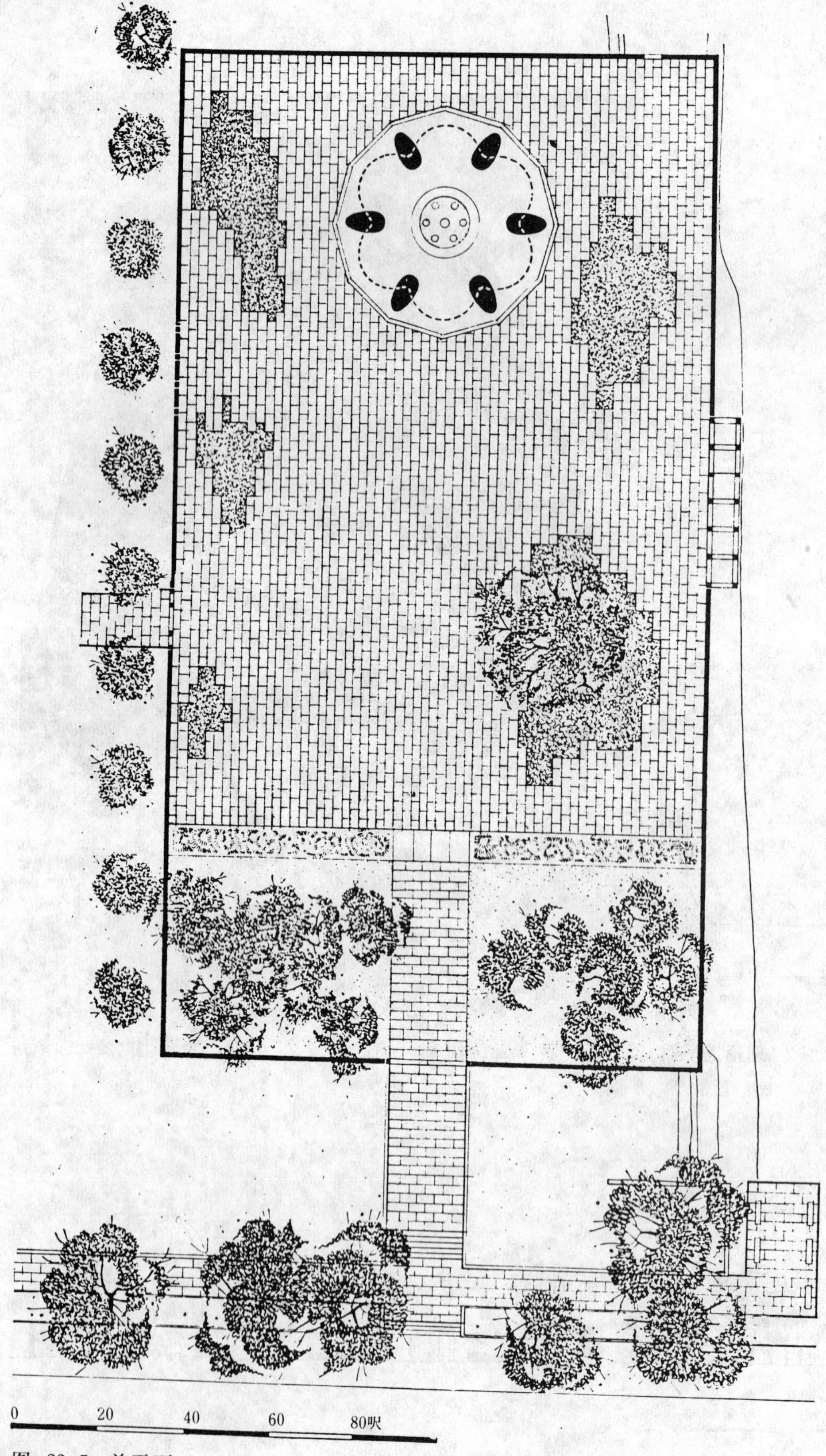

图 22-5 总平面

23 加登格罗夫社区教堂（水晶教堂）

Garden Grove Community Church, Garden Grove, California, 1980

图 23-1 全景

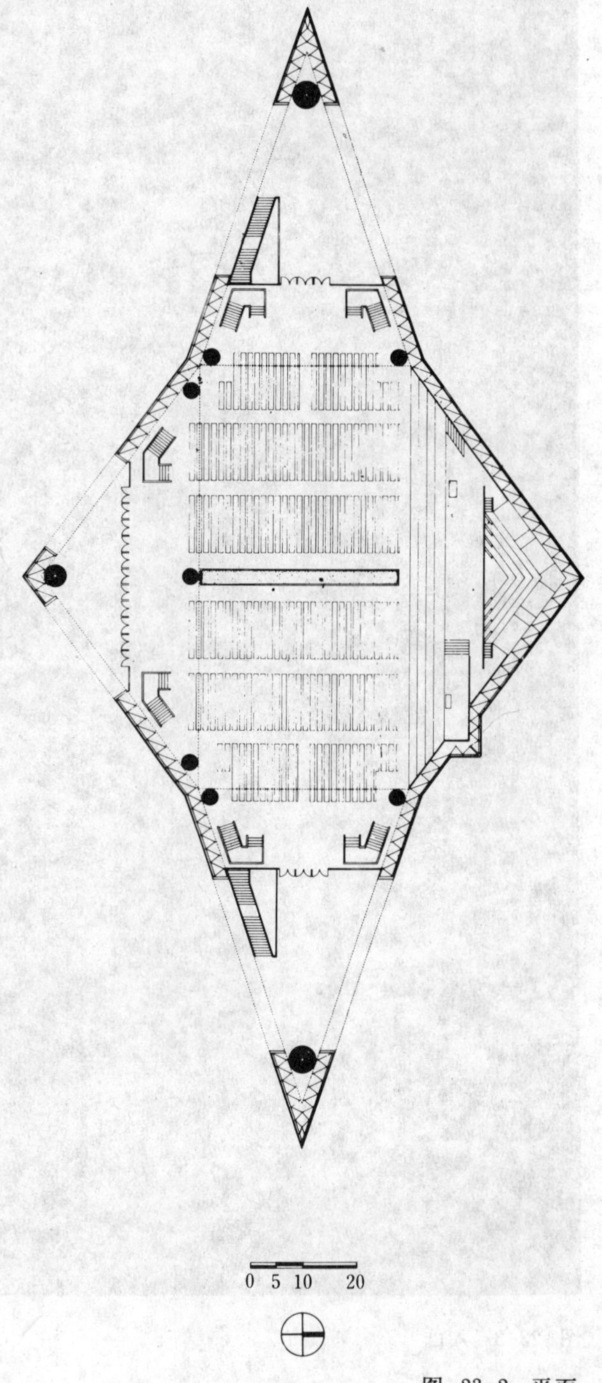

图 23-2 平面

1980年在加利福尼亚加登格罗夫建成的水晶教堂位于洛杉矶南，靠近迪斯尼乐园。该教堂可容纳300人，是耸立在高速公路旁的巨大水晶体，故得名水晶教堂。建筑利用白色网状屋架和反射玻璃构成长415英尺、宽207英尺、高达128英尺的大空间。反射玻璃仅使8％光线透入室内，形成一种水底般的宁静气氛。为了使大厅内每一个座位都对着圣坛，并且尽可能接近圣坛，设计人把古典十字形教堂平面改造成四角星状。圣坛占其中一角，台前有长方形座池，共有1778座；东西耳厅为挑台，各有403座；南台亦是挑台，有306座。三个挑台下部是三个入口，约为7.5英尺高，低矮的入口与高大的圣堂形成强烈对比。圣堂中央过道上设有一长方形喷水池，直达圣坛。室内无空调，由反射玻璃窗的机械设备控制窗户通风。这个设计满足了业主的期望，他认为一座像是没有屋顶和墙的教堂是人间天国的象征。

图 23-3 入口

图 23-4　大厅

24 IDS中心（多种经营投资者服务中心）

IDS Center(Investors Diversified Services) , Minneapolis, Minnesota, 1973

图 24-1 IDS 街景

有一些建筑物不仅在建造时有影响力，而且会对一个时代产生影响，导致建筑界开始一种新的型式。IDS 中心就是这样的建筑物。在建筑师们对城市中心的衰落进行了十多年的争斗之后，IDS 中心以其独特的构思成为新的建筑型式的象征。约翰逊和伯吉在明尼苏达州的明尼阿波利斯市设计建成的这座综合体里，大胆地改变了历来建筑与广场的传统关系，让四座建筑围着一个中庭，其中主要塔式建筑被放置在地段一角。中央水晶庭院由成串的白色玻璃立方体不对称地堆叠成金字塔状，大约有20,000英尺²面积，天窗最高点达100余英尺，庭院内有斜墙、自动梯、挑台和花草树木。它既是城市广场和商业中心，又是四周建筑物的门厅和中庭，为现代美国人提供了一个具有吸引力的聚会空间。该庭院周围有51层 IDS 总部办公楼、16层旅馆、2层商店和银行。停车场设在地下。考虑到城市景观，主要建筑外观组织成八边形，两侧逐步后退，平面呈船状。整个建筑的四个方向的入口也做成带锯齿的漏斗状，使镜面玻璃外墙挺拔而富有特征，更为动人而具有吸引力。

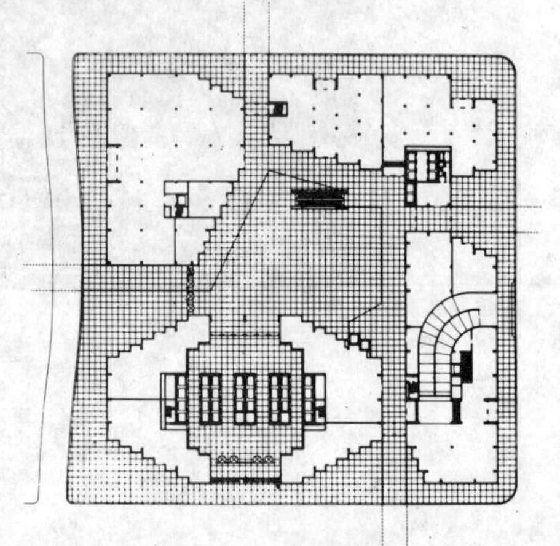

图 24-2 平面

图 24-3 IDS全景

图 24-4 仰视51层塔

图 24-5 二层商店和入口

图 24-6　中庭通向旅馆

图 24-7　中庭一角（上）

图 24-8　中庭入口（下）

25 潘索尔大厦

Pennzoil Place

图 25-1　立面透视

1976年完工的德克萨斯州休斯顿的潘索尔大厦是IDS中心设计构思的进一步提练。约翰逊称之为他们设计的具有雕塑感的建筑物中最成功的实例。这个建筑虽然不高，但打破了古典建筑四方盒子的外形，已成为休斯顿的城市轮廓线的标志和重要组成部分。设计者在呈方形的地段上布置了对角穿行的步行道，两边是两个36层的塔楼**Pennzoil**和**Zapata Corporation**。两塔高495英尺，平面呈梯形，中间一角几乎碰上，形成从上到下宽仅10英尺的缝隙，塔顶是45°单向斜面，各向相反方向倾斜。这两个塔占据地段3/4的面积，余下部分是两个直角三角平面的玻璃内庭，上置金字塔式45°斜面落地天窗，高达100英尺。里面是商店、餐厅、银行和旁边两塔的门厅，形成花草树木、自然采光的优雅环境，并与城市地下街道网相通。玻璃内庭外观是玻璃天棚和钢网架，好似两塔之间的拉网，两个塔是古铜色镜面玻璃和古铜色铝窗，在不同高度有不同方向的斜面，映照不同景物，远远望去变化万千，显现了与周围全然不同的景色，为有“世界摩天楼博览会”之称的休斯敦增添了光彩。

图 25-2 侧立面

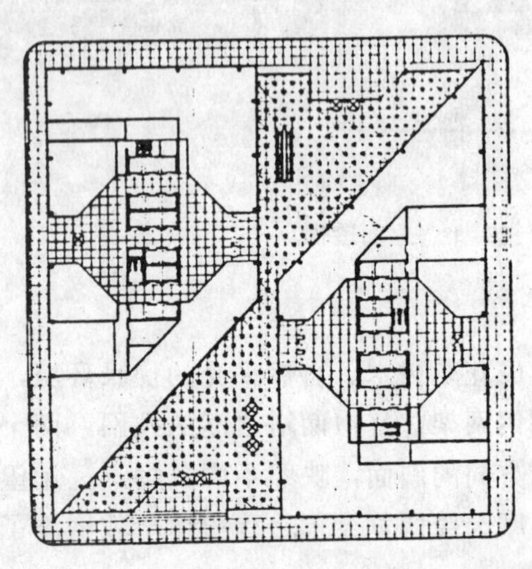

图 25-3 平面

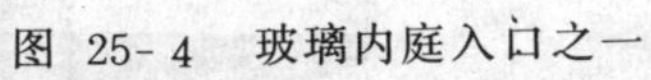

图 25-4 玻璃内庭入口之一

图 25-5 内庭里的银行

图 25-6 玻璃内庭外观

图 25-7　室内倾斜玻璃墙面

图 25-8　二塔间缝隙

图 25-9　玻璃内庭景观之一

26 美国电报电话公司总部

AT&T Headquarters, New York, New York, 1984

图 26-1 街景

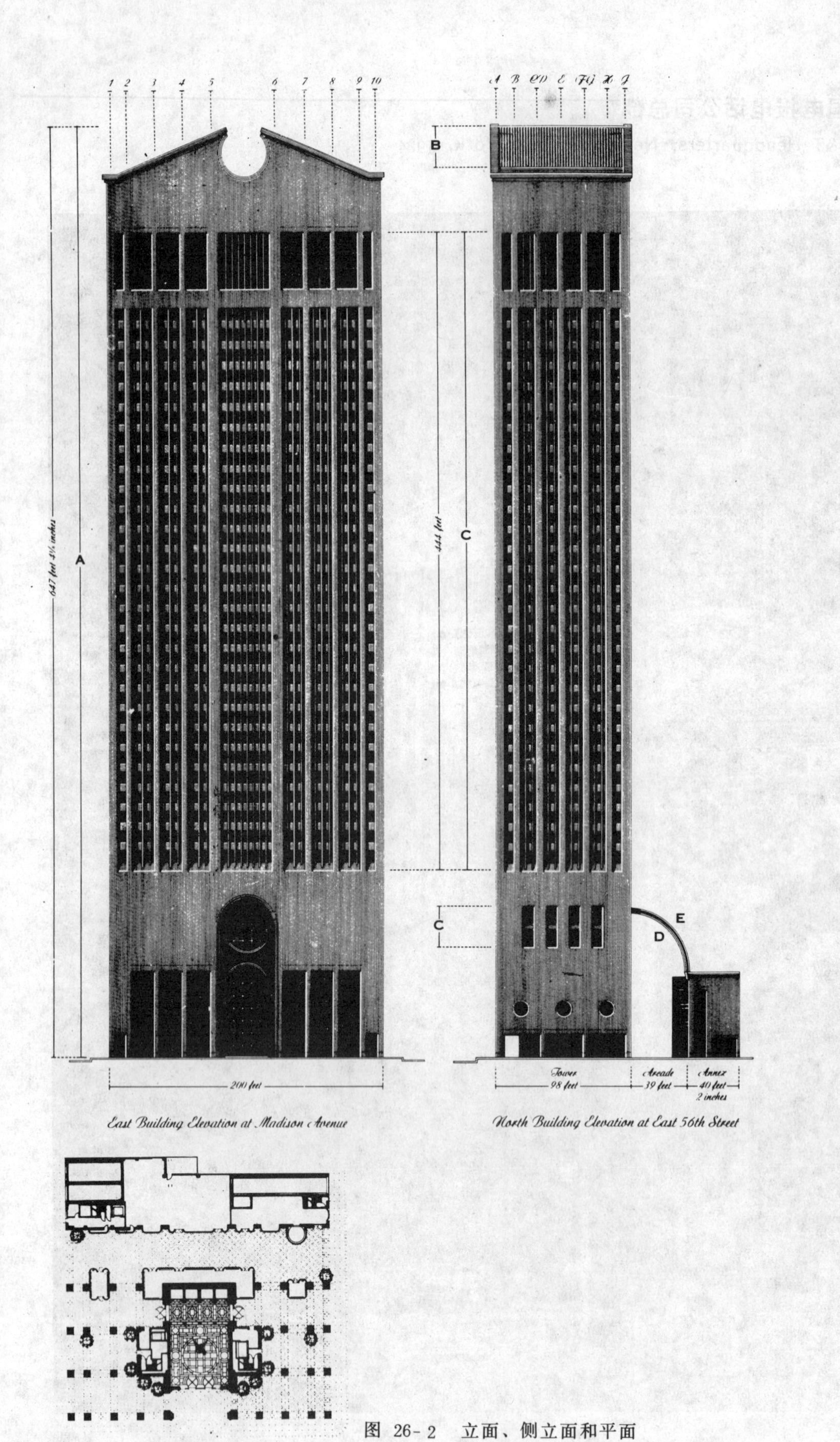

图 26-2 立面、侧立面和平面

图 26-3　主要入口

图 26-4　入口拱廊

图 26-5 侧廊

1984年约翰逊和伯吉在纽约曼哈顿区完成了**AT&T**总部大楼，被人称作历史上对后现代的方向最具影响的建筑物。鉴于**AT&T**的董事长要求一个高贵又坚固的总部，因此在这座高达600英尺的文艺复兴式摩天大楼上用了13,000吨磨光花岗岩作饰面，包裹在标准的金属框架墙上，形成雄伟和高雅的格调。该建筑地段面积为36800英尺^2，在建筑前部沿**madison**大街，布置有高耸的拱券和柱廊形成60英尺高的有顶盖步行道，面积达14,380英尺^2。建筑后部与大街平行有一条玻璃顶棚采光的廊子和三层附加建筑。建筑主体37层，分成三段，顶部是一个三角形山花，中央上部开了一个圆凹口，加强了建筑的对称性和古典性；基座高达120英尺，中间有一个100 英尺的拱券，允许观众进入公共门厅；建筑中段的窗间墙和窗户的比例参照了二、三十年代曼哈顿其它摩天大楼，约翰逊说这是考虑了纽约高层办公楼的文脉。公共大厅内为花岗石墙面，黑大理石地面，铜门电梯，中央矗立着巨大的“电神”雕塑，这是1916年为**AT&T**总部设计的，一直安放在原总部的屋顶上。这个建筑为改变现代建筑单调面貌开创了先导。

27 旧金山加州大街101 号大厦

101 California, San Francisco, California, 1982

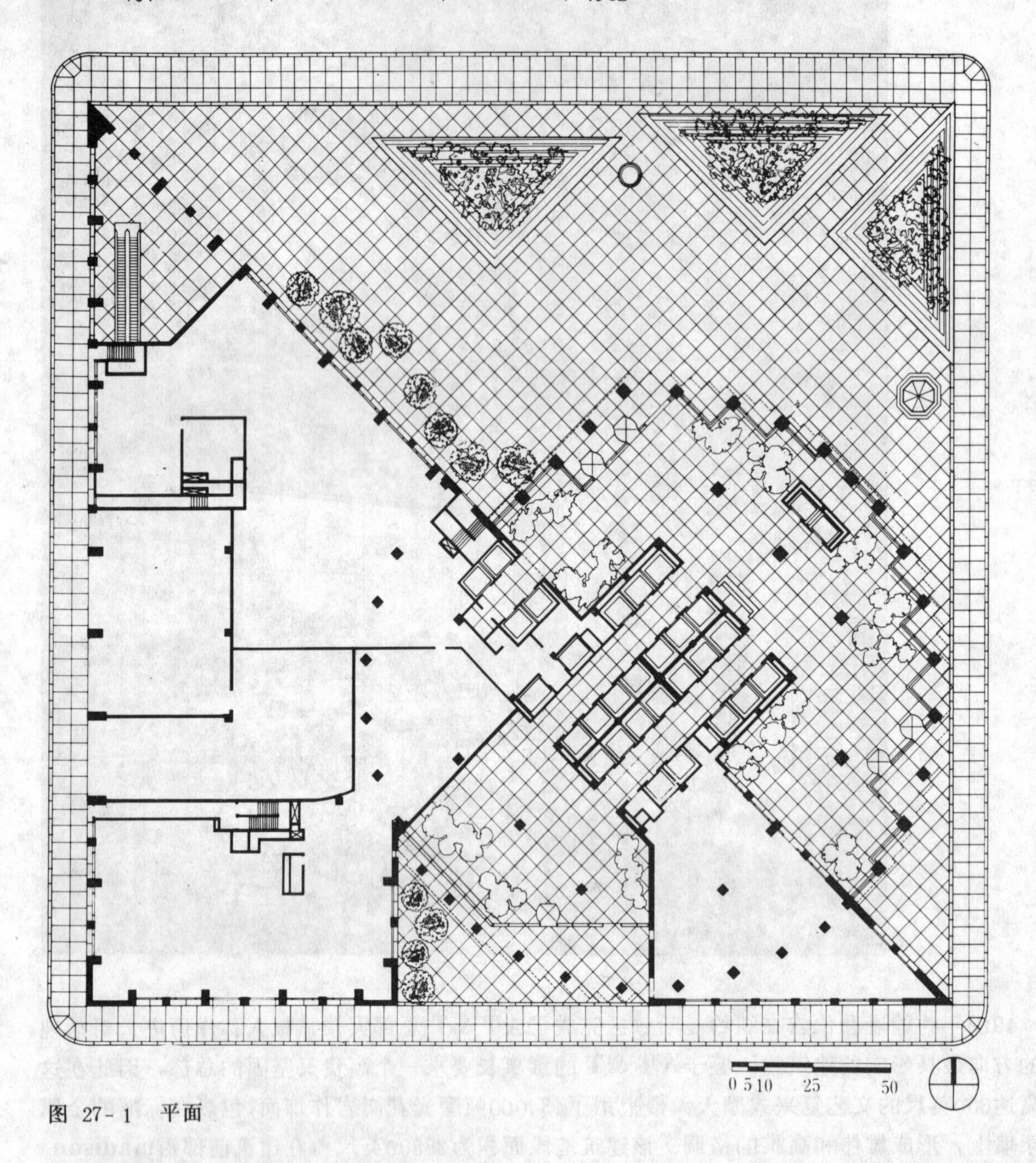

图 27-1 平面

建筑位于旧金山市中心的主要商业和金融大街上。方形地段被对角线对分，一半是花岗铺面的广场，沿大街有三个三角形花池，另一半是七层办公楼和商店，其体量与对面马路的能源和电力公司大楼遥相呼应。地段的东南是48层塔楼，高600 英尺，塔的平面一半伸入广场，一半汇合在七层办公楼里，底层是升起地面的88英尺高的柱廊，一个金字塔形玻璃采光门厅嵌在柱廊里。塔呈筒状，立面顶部分三段向后回缩，同时四角为锯齿状回收，这些建筑处理都与旧金山的土地管理条例相吻合。七层办公楼有西班牙大理石饰面和古典小窗，让人回忆起意大利的理性主义；48层塔楼是大理石与玻璃的交替使用，当人们在行进时，有时看到的是花岗石建筑，有时却成为玻璃建筑，创造了一个含义两可的实体。该建筑完成于1982年。

图 27-2 全景

图 27-3　南入口（上）

图 27-4　大厦主要入口（下）

图 27-5　入口大厅

28 平板玻璃公司总部

PPG Corporate Headquarters, Pittsburgh, Pennsylvania, 1984

图 28-1 总部与广场

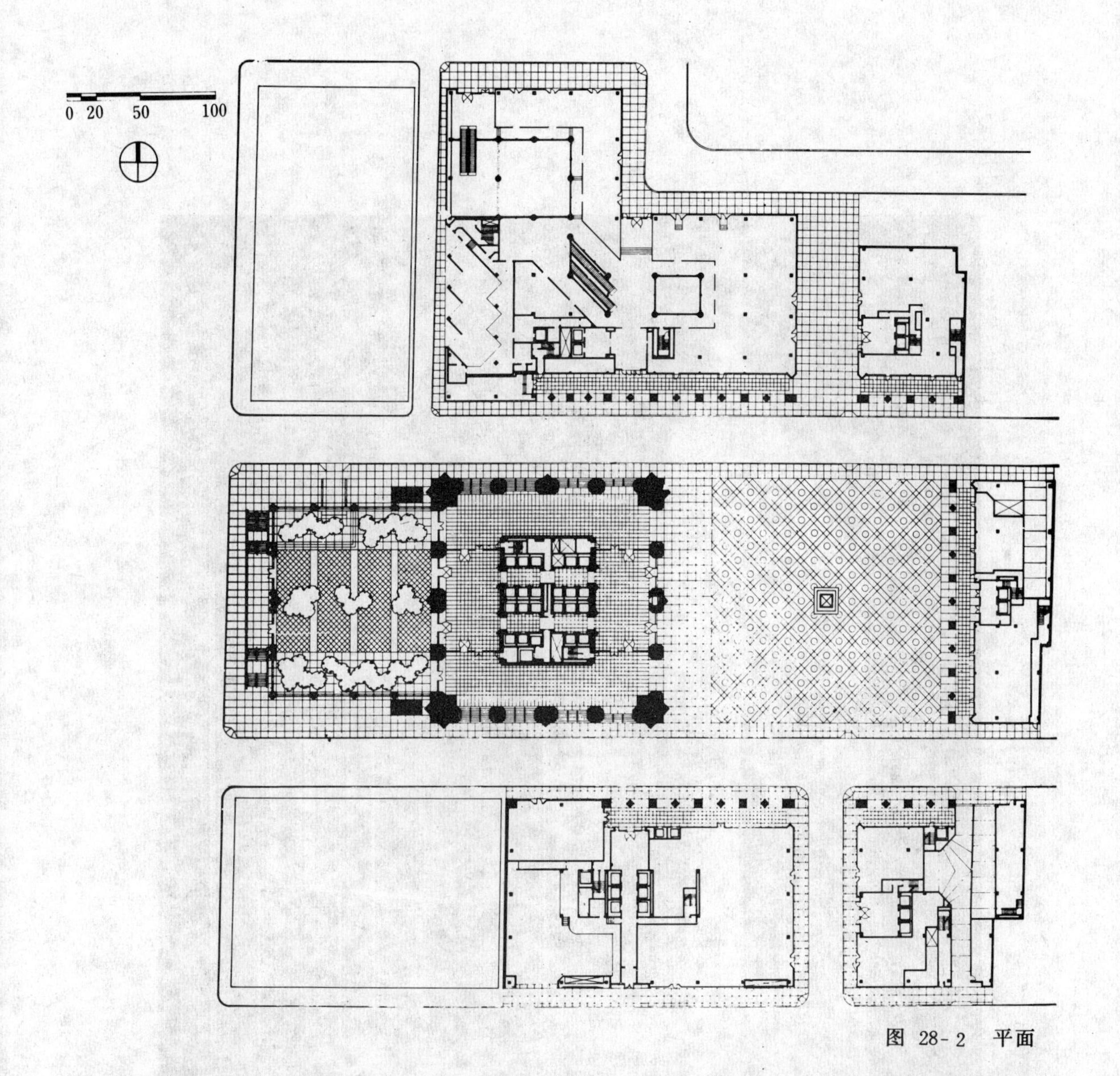

图 28-2 平面

PPG是美国有名的生产建筑玻璃的公司总部，又座落在城市——宾夕法尼亚州匹兹堡的更新建设地段上，因此承担着双重任务。设计人在跨三个街区的地段里安排了一组建筑：中央是40层高塔，一边是13层塔作为配楼，其余是 4 个 5 层建筑。在其中一个 5 层建筑里设有一个自然采光的中庭，带咖啡座和食品亭。在上述几幢建筑之间围有一个广场，花岗石铺面，中心是40英尺高的方尖碑，边上为拱廊和商店。由于该建筑是公司象征和总部所在地，故以玻璃为外饰面，但建筑所处地段周围均是普通低层建筑物，对镜面玻璃能生动反射周围景色的优势不利，因此对建筑物本身作了细致处理。首先建筑采取哥特式风格，主楼和配楼都带有长而尖的顶。在总共231个尖顶里面，安装了莹光灯，无论白天和晚上都产生明显的装饰效果。其次建筑立面呈褶皱状，以四方形和三角形两种断面交替突出立面，在日光和灯光照射下都能见到亮暗交错的光影，使建筑挺拔、壮观、实体化。此外，塔的门厅高50英尺，使用红色玻璃，电梯间为雾状玻璃，亦都丰富了建筑立面。这样一所建筑不仅告诉人们这是生产玻璃的公司总部，而且也表达了玻璃作为建筑材料的潜在价值。该建筑完成于1984年。

图 28-3　眺望广场

图 28-4 透视

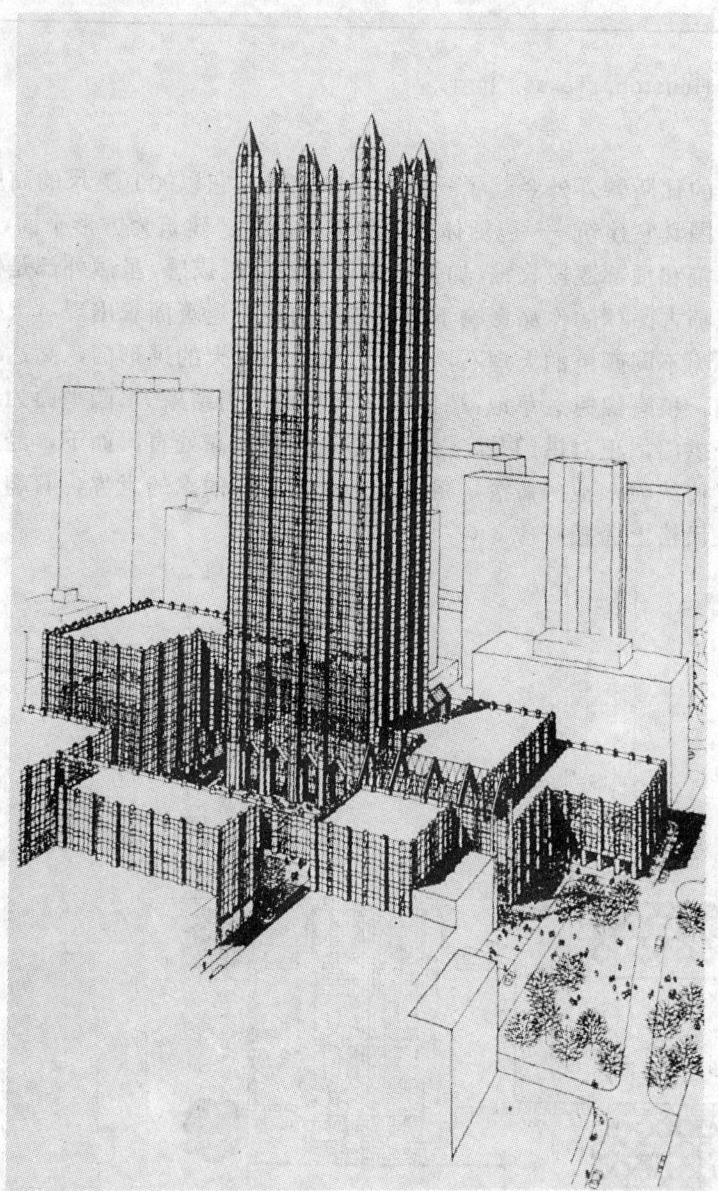

图 28-5 河景

29 特兰斯科大厦

Transco Tower and Park, Houston, Texas, 1983,

1983—1985年在德克萨斯州的休斯敦郊外竖起了一幢64层摩天楼，它以900 英尺的高度和精心塑成的古典风格压倒了周围其它建筑——包括休斯敦的著名画廊。建筑为方形平面，布置在长方地段的一端，竖向分割和顶部逐段收缩，加强了建筑的高耸挺拔感，虽然外部是镜面玻璃饰面，但在二十年代建筑师古德休的作品影响下都以传统的砖石建筑面貌出现。大楼的门厅层采用花岗石材料，电梯为不同颜色的大理石，主入口是一个巨大的拱形门，高达60英尺。大楼南是一个正规的花园，植有橡树、草地，端部以一个水园作为结束。水园平面为半圆，入口是古典山花墙面，三个拱门，正对拱门是半圆形瀑布从60英尺高处直泻而下，经无数个台阶流入平台底部，打破了传统喷水池的概念，形成了一个半封闭的水的世界，有趣、别致，而又与另一端的摩天楼在风格上遥相呼应。

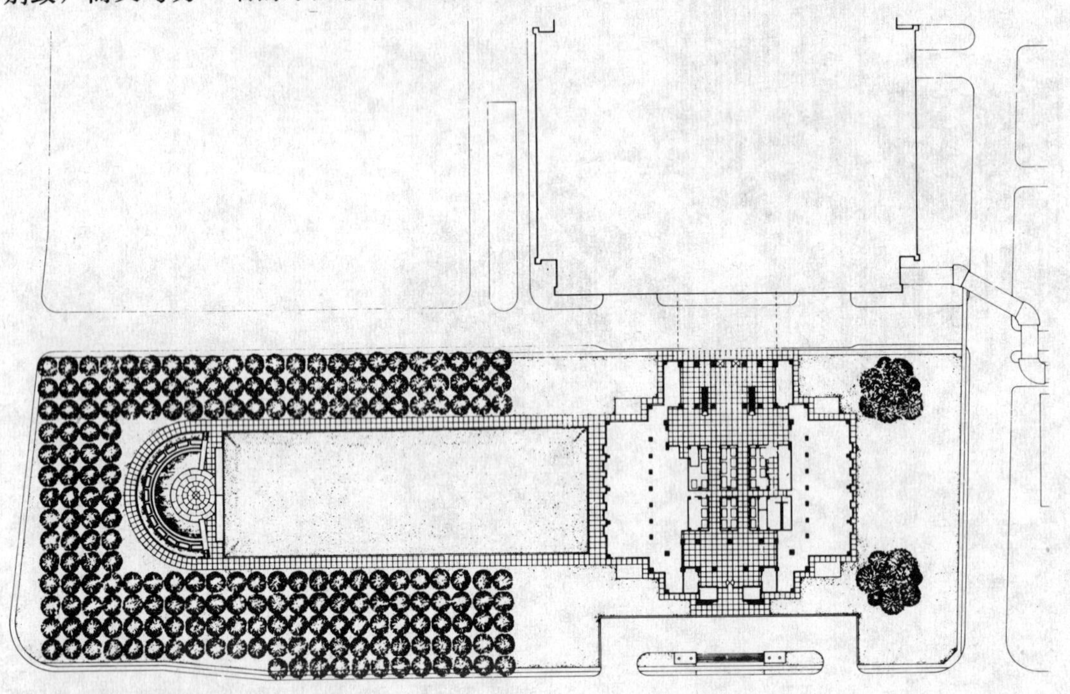

0 30 60 120

图 29-1 大厦总平面

图 29-2　大厦全景

图 29-3　大厦入口

图 29-4　水园

图 29-5　水园内景

联合银行中心大楼

United Bank Center, Tower, Denver, Colorado, 1985

科罗拉多州丹佛市的商业中心在1985年建设了一座高塔。考虑到Broadway大街在商业中心占有举足轻重的地位，因此高塔与街对面临 **Broadway** 大街的 **Mile High Center** 大楼用过街天桥相连，使大股人流可从**Broadway** 大街直接进入 **Mile High Center** 大楼，再由大楼内的玻璃大厅——UBC广场上的自动电梯送入过街天桥后，进入新塔，提高了新建银行的使用效律。新塔外饰面是瑞士产的红色花岗石，立面上开有 6 英尺 9 英寸方形窗户，窗户下有磨光的长方形花岗石作凹入墙面处理，顶部是二个对置的半圆。塔楼内饰面采用花岗石和铜。室内顶部是铜条方格天花。入口是拱门。

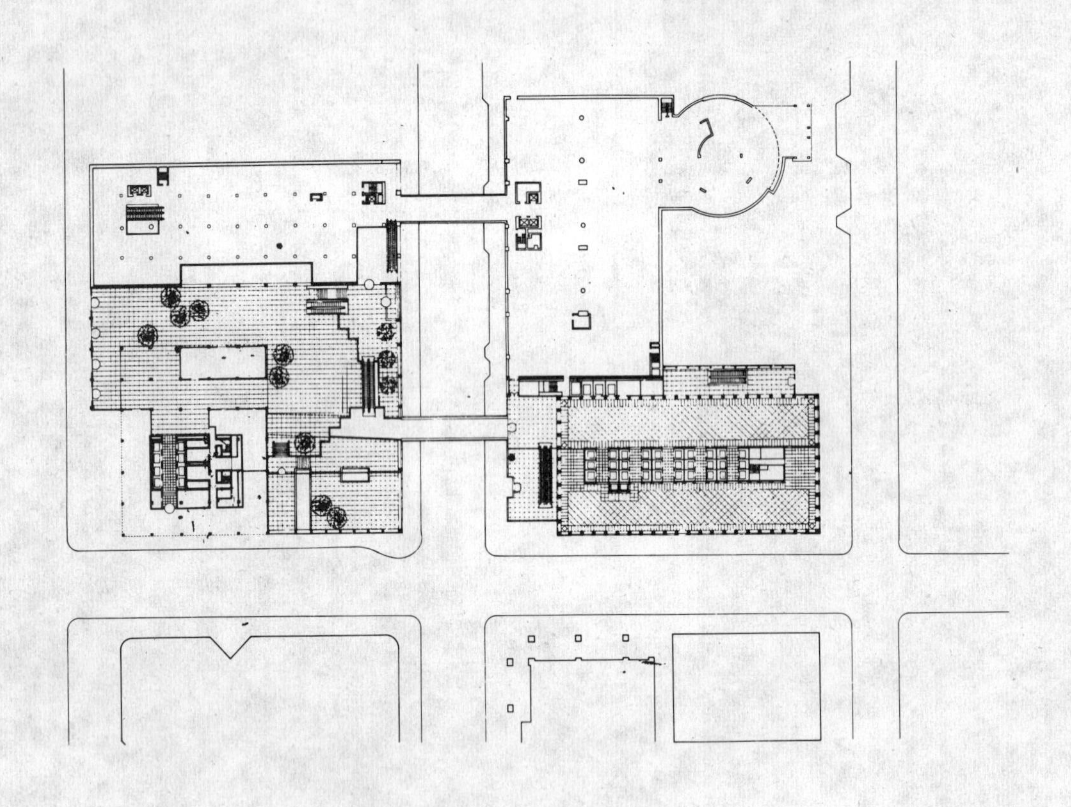

图 30-1 平面

图 30-2　主要入口

图 30-3 建筑顶部

31 共和银行中心大厦

Republic Bank Center, Houston, Texas, 1984

大厦位于德克萨斯州的休斯敦市中心，但所占街区的一角地面层和地下为Western Union Equipment Building所占有，造成设计工程的复杂性。设计者把地段分成四块，十字形轴线作为人流行进甬道，穹状拱从一条街一直延伸到另一条街形成拱廊，拱廊上空有二个天桥横跨而过，增加了空间层次。在十字轴的交叉点处设有一古色古香立钟，红色花岗石地面。银行的营业大厅就设在轴线的一侧，高达80呎，与大厦的尺度相吻合。大厦是由高塔和一低层建筑组合而成，高塔780呎，占有1/2地段，十字轴线是塔的入口和室内街道，低层建筑是高塔的前院。银行大厅的天花是由逐步升起的梁组成，两侧大梁间有格子状玻璃顶，阳光由外透入直泻而下，形成生动的光影效果。高塔的外部设计在体形、材料和细部处理上都注意与低层建筑相协调，二者均以红色花岗石饰面，高塔顶由南向北逐渐迭落，形成三段台阶式山墙屋面，造型别致、优雅。

图 31－1 模型

图 31－3　主入口

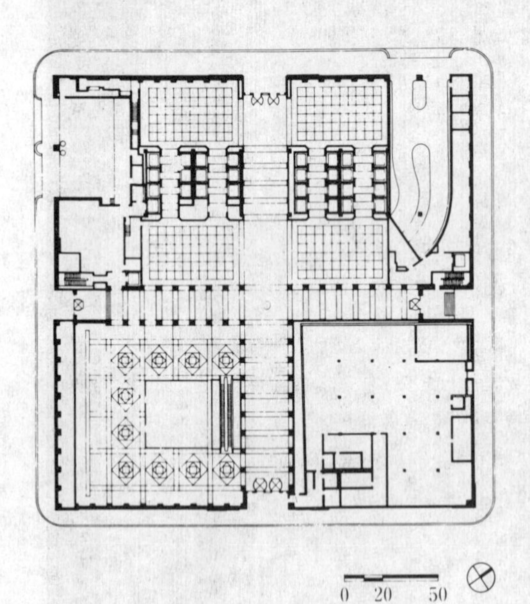

图 31－2　平面

图 31－4　大厅一角

图 31－5　入口大厅及天桥

32 旧金山加州大街580号大厦

580 California, San Francisco, California, 1984

图 32－1 立面街景

1981年到1984年在加州旧金山的市中心金融区建起了一座办公大楼。该楼拥有340,000呎²面积，沿街长达125呎，高23层。立面分成三部分：底座是二层高的拱廊，在两个转角边跨开有圆形拱门；中间部分在两边开着传统窗洞的砖石墙之间有三根通高的圆柱和柱间凸出的弧形窗和窗下墙；顶部是孟沙屋顶，在圆柱上方还饰有三个高12呎的雕像，像的姿态和衣袍具有古罗马传统风格。建筑体型和设计手法明显地反映了30年代芝加哥学派的摩天楼的特征，以及旧金山地区维多利亚村镇住宅的建筑词汇，带有古典色彩。大楼的外饰面使用了灰色花岗石、灰色玻璃和红色花岗石勒脚，在底层跨间都安置了一个9呎高的铝灯。这些材料和主题一直运用至室内门厅——灰和红色花岗石地面和柜台，红花岗石扶梯，点缀有少量的铝金属制品。

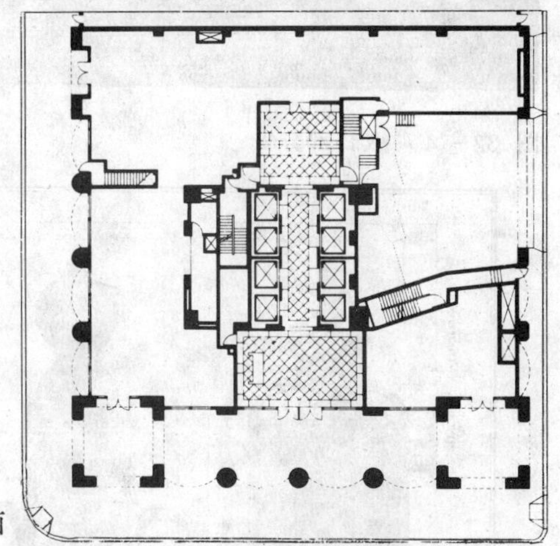

图 32－2　平面

图 32－3　屋顶部分

图 32－4　入口部分

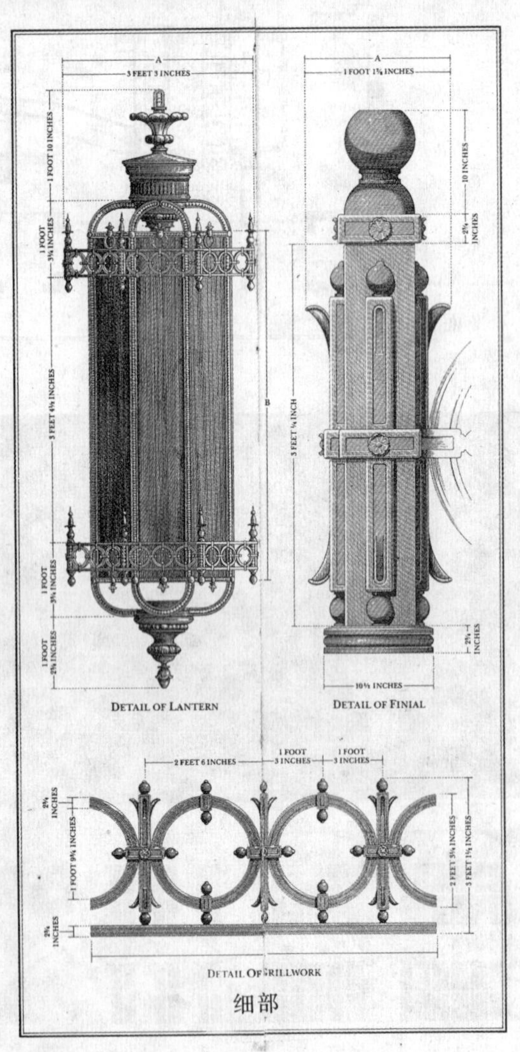

细部

外柱雕像

图 32－5

33 达拉斯月形宫

The Crescent, Dallas, Texas, 1985

图 33－1　立面细部

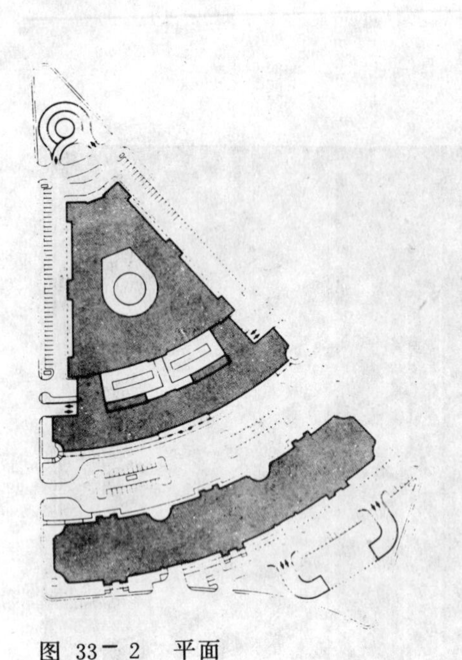

图 33－2　平面

1985年在德克萨斯州的达拉斯的市中心建成了一座综合体建筑，包括1,250,000英尺^{2}的办公楼，175,000英尺^{2}的商店和250,000英尺^{2}的旅馆。这个综合体座落在一个扇形地段上，地段的顶端布置了多层地下车库的入口，机动车可由四周饰以草地的坡道直接通入4000车位的地下停车场。地段中部是三层商店，中间有露天庭院，与五层高的旅馆有连廊相接。地段后部是三个塔式办公楼，中间19层，两旁18层。在旅馆和办公楼之间有弧形道路分隔，形成明确的功能分区，但互相联系又比较方便。该建筑群以石料饰面，转角和基层均作粗琢加工处理，孟沙屋顶，拱形门窗，维多利亚时代的装饰，加上各建筑又都强调体型的中央部位：在平面和立面上建筑中部作外凸或内凹处理，致使建筑群有强烈的整体感和明显的帝国式古典风格。

图 33－3　全景

34 纽约第3大道53街处大厦

53rd at third, New York, New York, 1985

离纽约西格拉姆大厦不远的地方，1985年又耸立起一幢新建大厦。这所大厦以其独特的体型，冲破了纽约传统的城市轮廓线，在巨大方盒子堆砌而成的建筑景观中，以椭圆形和弧线丰富了城市造型。大厦高32层，椭圆形平面，在朝街的立面上部分三次向里收缩，既丰富了立面变化，又可使每层楼面积各不相同，便于出租。大厦低部有二层高的柱廊，里面是玻璃大厅。玻璃大厅后部还贴建有低层附属用房。建筑外立面用红色和粉红色两种花岗石作饰面，局部磨光。灰玻璃带状窗，不锈钢窗框。玻璃大厅用花岗石作地面，玻璃马赛克作天花。

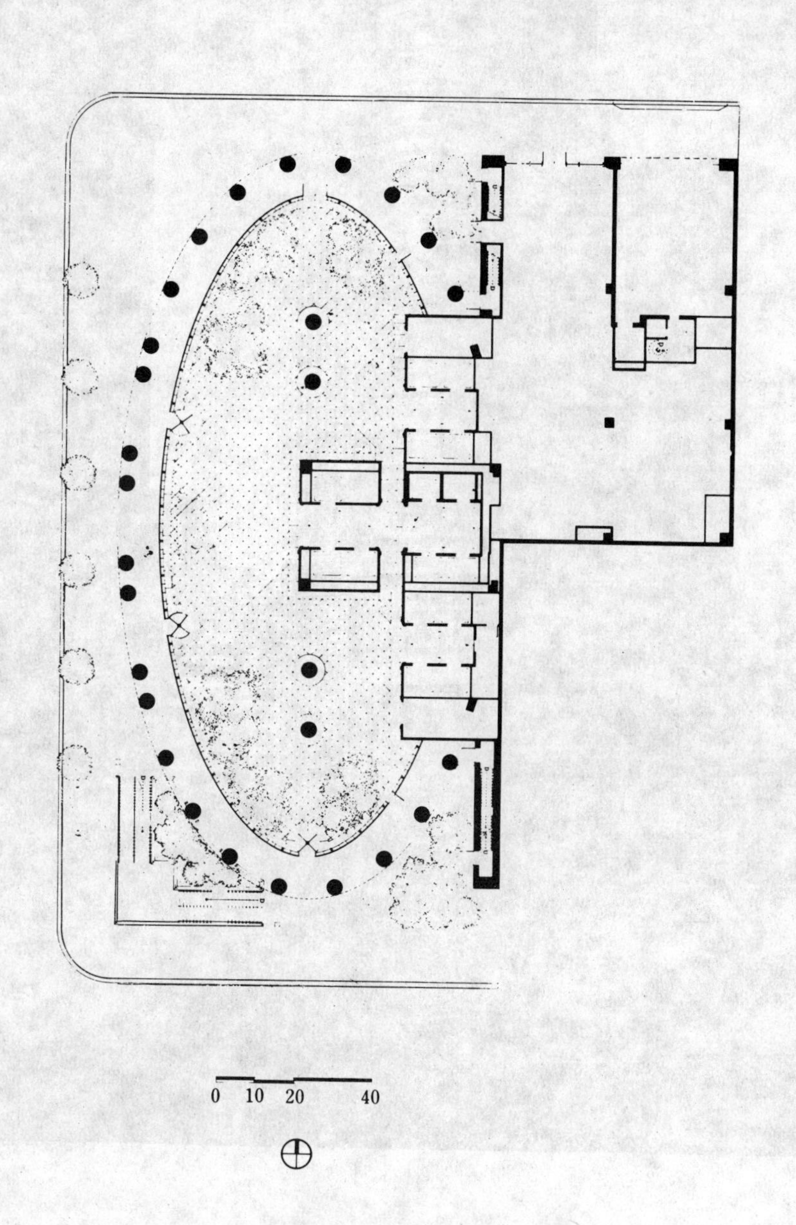

图 34－1 平面

图 34－2　立面街景

35 福特希尔广场国际大厦

International place at Fort Hill Square, Boston, Massachusetts, 1983—

麻省波士顿是一座具有悠久历史的城市，主要道路弯弯曲曲，该地段是被三条城市干道所包围的五边形，边长不等，既有方角又有圆角，形状比较复杂。设计者把地段上180万呎²的办公楼分解成若干个平面、立面和高度各不相同的建筑单体，然后组合成群体。立面有整片反射玻璃幕墙，有玻璃幕墙上安装花岗石框架，也有花岗石墙面上嵌着帕拉第奥式窗。体型有圆筒，长方和锥体屋面。每个建筑单体都有独立出入口，但整个建筑群的出入口是一个有锥顶的六角亭，二层，远离市内高速干道。由主入口可直接通向建筑群中央大厅，这是一个二层玻璃顶的圆厅，面积约有25,000呎²，中央有喷泉，比入口厅略大，地面也略高。该建筑从1983年至今，尚未完成。

图 35－1　平面

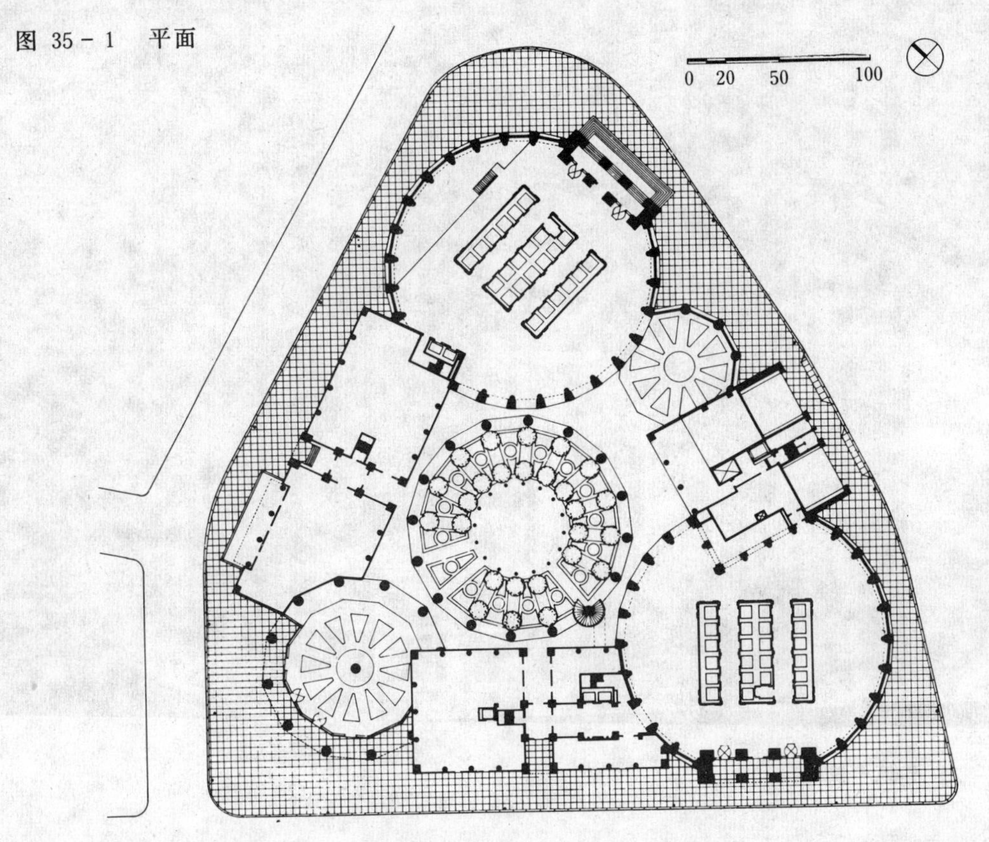

图 35－2　建筑全景

36 芝加哥南拉塞尔大街190号大厦

190 South Lashalle Street, Chicago, Illinois, 1983—

图 36－1　建筑顶部大样

对这座位于芝加哥金融区、高达40层的塔式办公楼，设计者声称是对芝加哥的建筑历史传统和市中心区进行了周密思考后的产物。该建筑粗琢的座基，拱券主题的反复运用，和建筑结构的表达力无一不是那个时代的语言，然而整个体型在设计者的精心推敲下却充满了生机和活力。基座高五层55呎，外包有粗琢的红色花岗石，仅在入口拱门和窗框使用了磨光花岗石。塔身为西班牙浅红花岗石和灰色玻璃窗组成，在后退的墙面上布置传统尺度的小窗，前突的墙面则是双倍尺度的玻璃幕墙。屋顶有六个外包铜皮的山花尖，屋脊用预制铝金属作装饰，在塔身后退墙面上方无屋面层。门厅高5层，用大理石作饰面，厅四周设有9，500呎^{2}的商店和餐厅，屋顶层是供内部使用的图书馆和阅览室，其余均为办公。整个建筑古典、高雅，不落俗套。该楼于1983年设计，尚未完工。

图 36－2　全景

37 时代广场中心

Times Square Center, New York, New York, 1983—

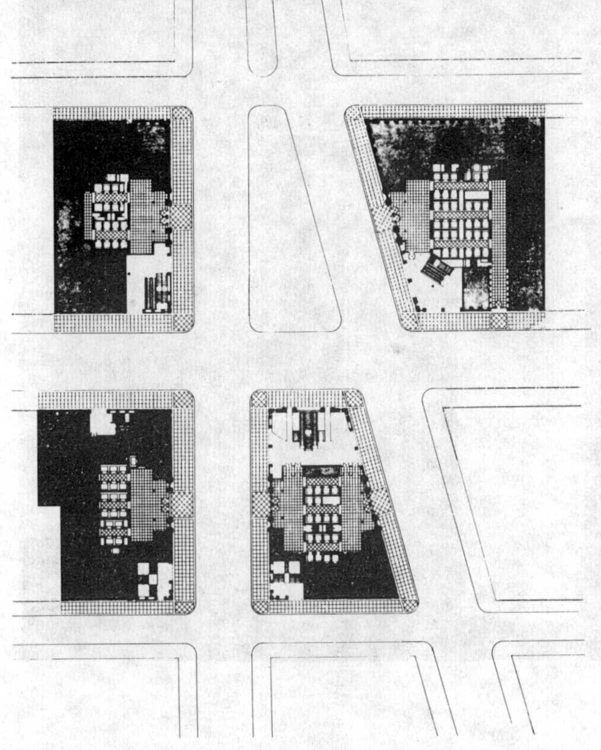

纽约著名的时代广场处于百老汇大街与第七街和42街的交汇点，1983年计划在广场四周建立一个面积为410万英尺²的办公楼综合体。由于该地段被几条城市干道所分割，因此设计者提供了四个分散的高层办公楼，由地下步行道连接，并可通向地铁车站和停车场。四个塔的高度从368～705英尺各不相同，但立面统一协调。低座是56呎高的红色磨光花岗石，仅在各建筑中央被入口高拱门所打断；中部是浅红色花岗石墙面，开有方形的传统尺度小窗，但在转角处为双倍尺度的“芝加哥窗”组成的玻璃幕墙垂直条形窗，虚实对比强烈；顶部是玻璃幕墙组成的孟沙屋顶，与转角玻璃幕墙条形窗结为一体，又为插入的浅红花岗石墙面所装饰。建筑有灯光轮廓线，夜间效果很好。设计手法新颖，把传统建筑的古典性与现代建筑的创造性有机地结合在一起，富于表现力。

图 37－1　模型

图 37－2　平面

图 37－3　立面

38 西格拉姆大厦四季餐厅

Four Seasons Restaurant, Seagram Building New York, 1959

1954年约翰逊被密斯邀请参与设计西格拉姆大厦的四季餐厅。西格拉姆大厦是纽约第一幢从地板到天花均为玻璃的高层建筑。该建筑以500呎高度退入深100呎地段的后部，立面不作台阶后退处理，显的挺拔有力。座基从地面升起，出入口大厅对称布置，加强了建筑的宏伟效果。这是一所对现代摩天大楼有深刻影响的建筑物。约翰逊主持了该楼的四季餐厅的室内设计，从他当时追随密斯和现代建筑的高度热情，把大厅设计得端庄典雅，在精巧的材料和工艺的衬托下显得楚楚动人，为众人所喜爱，获得了很高的评价。

图 38－1　北厅（上）

图 38－2　南厅一角（下）

39 沃尔斯堡水景园

Fort Worth Water Garden, Fort Worth, Texas, 1975

图 39-1 水景园绿化区

德克萨斯州的福特·沃尔斯市的阿蒙卡特基金会买下了市中心四个半街区，把它作为城市的公园绿地捐给城市。建筑师在地段上想象了山丘、森林和湖泊，并给以适当的几何形体和秩序，形成空间变化丰富、景观引人入胜的公园，为大众所喜爱。该公园的平面组合采用了IDS那样手法，由五个景区围着中央广场，游人从城市干道进入中央广场时，经过弯弯曲曲的小道，处处是幽静的休息小空间。周围景区有开敞公共空间，也有半封闭空间，其中三个是水景区，一个是露天演出区，再一个是草地山坡和花坛组成的绿化区。最有趣的是一个从外部干道可以见到的水景区，水从层层叠落的台阶上奔流而下经二十条窄小水渠冲入翻腾的水面，在千变万化的声音和光影之中，观光者的内心得到极大的净化。另一个水景区 用40个喷头把水射入空中，雾状水珠在空气中飘浮消失，令人惊讶。这块绿地在设计者精心雕凿下成为近几十年内不可多得的优秀作品。

图 39-2 水景区之一

图 39－3　水景区之二

图 39－4　平面

40 圣·路易斯美国人寿保险公司

General American Life Insurance Company St.Louis,Missouri, 1977

该公司是一个小型的，供职人员仅400名的机构，座落在圣·路易斯市中心著名的沙里宁设计的拱附近。建筑地段是208呎见方的正方形，被对角线分成两个三角形。一个是三层楼，另一个是由柱子支撑、脱离地面15呎的三层楼，中间被一段窄长的砖砌楼梯间分隔开；开起地面的部分向外突出一个高耸的圆柱体作为中央大厅，又把两部分连接在一起。中央大厅的天花高107呎，光线从玻璃墙面直泻而入，增加了人流活动中心的活跃气氛。大厅里有四对柱子，三个外露的玻璃电梯，富有雕塑味的楼梯，和通向办公楼的精致的天桥。建筑外观是立方块、圆柱筒等几何体的组合，玻璃与实墙构成强烈的虚实对比。室内同样是圆柱体和其它棱柱的几何体组合，厚重的实墙与轻巧结构构件之间形成对比。内外设计手法一致，建筑生动和谐是约翰逊一贯的风格。

图 40－1　入口立面

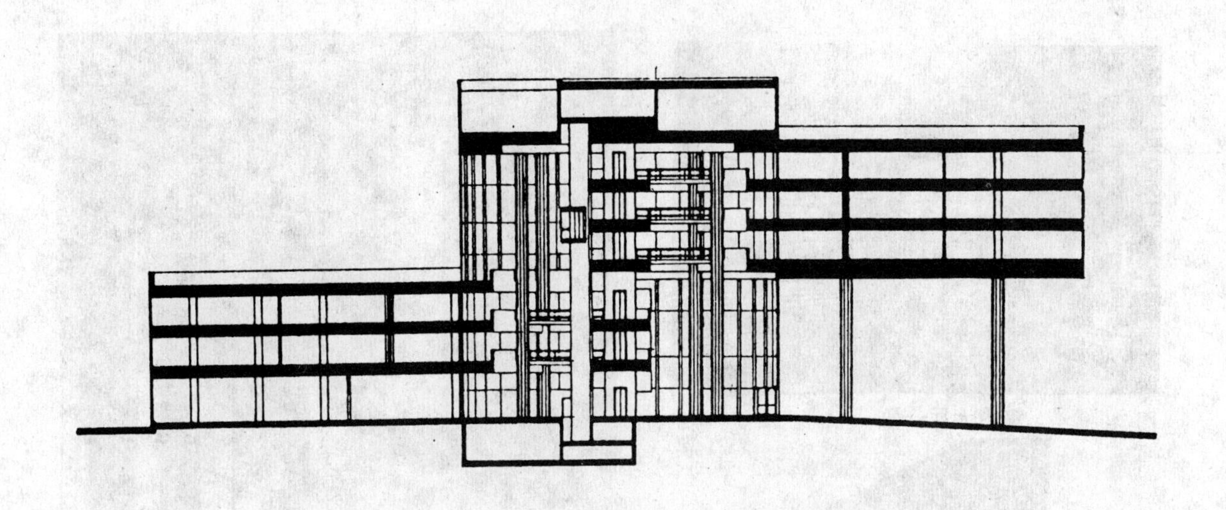

图 40－2　剖面

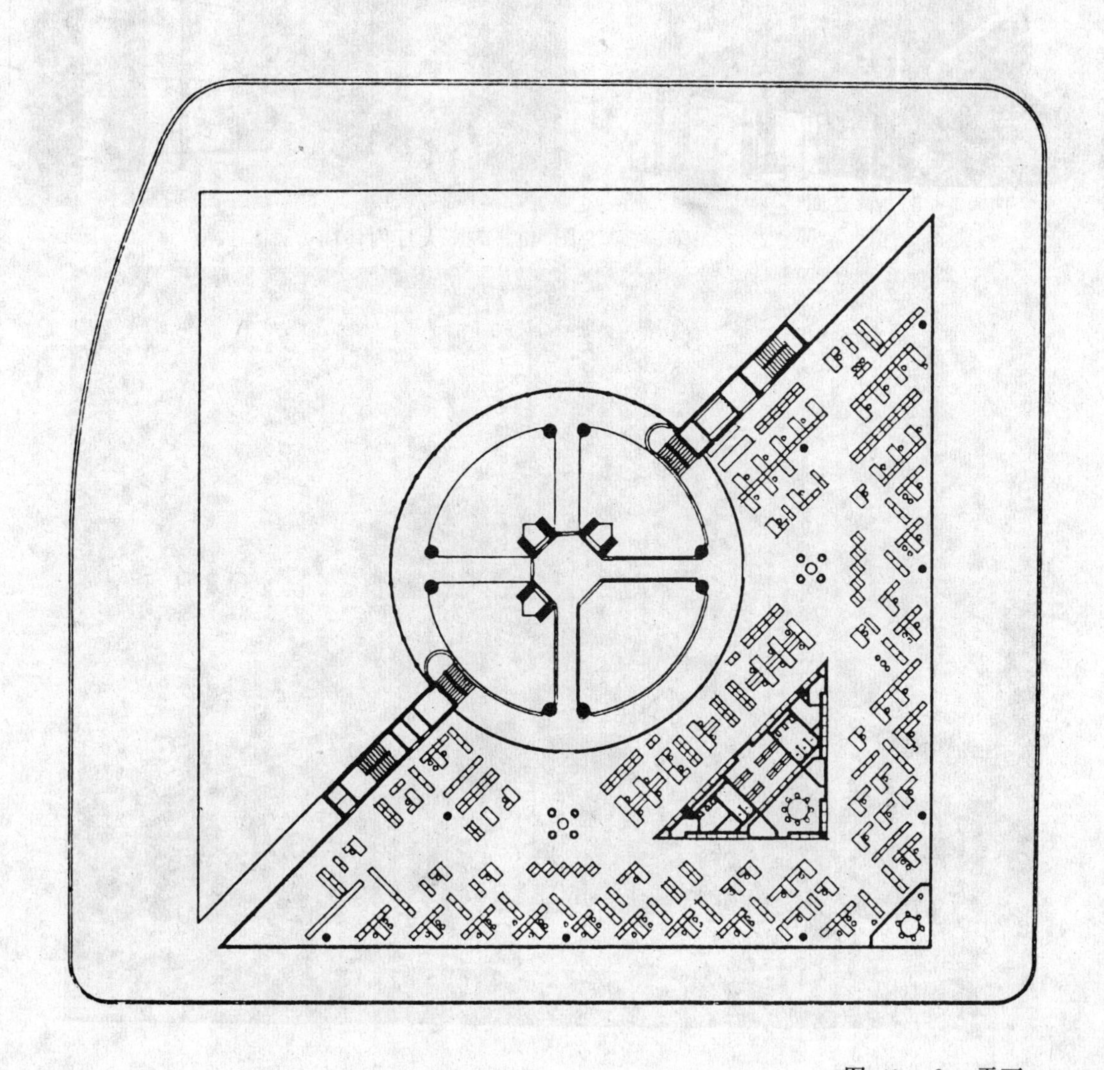

图 40－3　平面

图 40-4　室内大厅一角

图 40-5　背立面

图 40-7　大厅内楼梯

图 40-6　侧立面

41 感恩广场

Thanks-giving Square,Dallas,Texas, 1977

图 41－1　全景

达拉斯银行和商业中心里有三英亩土地为一慈善机构所购得，用来建造纪念感恩节的教堂和花园。这块土地不大，呈三角形，四周是摩天大楼，设计者在地段四周建起矮墙和坡地，形成与外界有所分隔的空间。入口安排在地段最窄的一角，以树木和挂着三个铜钟的支架作为标志。花园内部由四种材料组合而成：白色混凝土，绿色草地，红石路面和水。一条向下坡的小道把人群从入口引向中心，小道伴有水溪，两侧是几何状花台，还有毛石混凝土墙上的涛涛瀑布，有动有静，有软有硬。中心是一小广场，立有高耸的教堂。教堂不大，呈螺旋上升的外观非常引人注目，高达92呎。整个广场与道拉斯的地下街道网多处相通，广场上花台边装有玻璃天窗，使地下街有自然采光，也可让地下街的行人通过玻璃天窗见到教堂的塔和入口处的钟，以增加识别性。

图 41－2　教堂与水池

图 41－3　教堂与广场（左）

图 41－4　教堂天花（右）

3

论文

Ⅰ．现代建筑的摩天楼学派

（原载《艺术》杂志1931年5月号）

“摩天楼的确是美国建筑最重要的成就，是美国对建筑的艺术（the art of building）之伟大奉献。”塔尔梅奇（T. E. Tallmadge）写下了这些为教授、公众、建筑师和外行们都赞许的观点。的确，当前最有特点的建筑评论是塔氏的阐述：摩天楼似乎已经形成了一种新的建筑学派。想一想，在我们的摩天楼中，评论家们找到了新风格的那些构成因素，这或许会有所启发。毫无疑义，摩天楼的外貌是以其庞大的尺度而使人敬畏：“在水平线上矗立着魔法般的钢和石头的山峰，光辉灿烂，恰如人类智能的一顶皇冠。”金博尔（Fiske Kimball）在《美国建筑》中的这一描述，是很多奔放不羁的赞美感情爆发之典型，这种赞美只要一看那些作品就可以成倍地增加。塔尔梅奇关于摩天楼还描绘道：“它的眼睛从难以量度的高度向下凝视人类和机器。它的闪烁的侧面充满了那些笑着从雷电中掠过的飞机影子所显示的斑点。”摩天楼还经常与自然作比较；埃杰尔（Dean Edgell）在提到希尔顿旅馆时说：“我们好像是在自然力的巨大效力面前，而不像是面对人的双手所建成的建筑。其体量在黄昏之中仿佛有如直布罗托（意即攻不破的要塞——译注）般的使人印象深刻。”有人或许会持反对意见，认为这种浪漫热情并非建筑评论，故应予廓清，因为这种热情已经充斥了他们的文章。

从对巨大体量的偏爱出发，对于“摩天楼风格”的辅助评价标准于是派生了出来。切尼（Cheney）将“整体性、‘富于表现力的‘推进’（drive）和‘上升’”作为摩天楼设计的长处来加以称道。由于摩天楼的主要特征是高度，垂直线于是就应当强调。扶壁柱和垂直带形图案加强了“宏伟效果”。费里斯（Hugh Ferriss）并不是一个建筑师，但却正如切尼正确地指出的那样，他比建筑师对建筑的影响还大。他的虚构光线的透视图画出了奇妙的、从深色画布上升起的岩石，这已创造出一种只有艺术家的笔能够建造起来的流行建筑类型。很明显，这些透视图已引起建筑师们有意进行模仿。

我们的评论家们要求诚实的建造。这并不是新想法。甚至在路易斯·沙利文发表他的现在被视为陈词滥调的“形式跟随功能”观点以前，建筑必须忠实地表现其施工构造的原则即已经普遍地被接受。摩天楼的墙并不支承建筑本身，它们无非是一些挂在钢框架上的屏幕而已，这在今天已经成为一般知识了。

纽约公园大道上的每个步行者都能看见那些公寓建筑的墙与人行便道之间的两英寸缝隙。的确，表现悬挂体就要求将墙设计为看起来轻巧得毫无砖石砌体构造的感觉。评论家们相信，现代摩天楼墙面圆满地回答了这一问题。但大概并未认识到，在竖向性的设计中这些墙面仍然是砌筑的窗间护壁之残余。墙面应直接地否认它们是搁置在地面之上的，因为事实上如此。

我们的评论家们深信不疑的另一点是，区划法规（Zoning Law）有助于创造新的建筑艺术。他们为能产生新风格的法规的前景所鼓舞。但另一方面的事实是，区划法规已经对建筑艺术产生了原来所预想的进行控制的目的之外的某些影响，这种影响已经同多数人所设想的大不相同了。

“缩进”（set-back）是区划法规所要求的建筑特征，这一点尚未被普遍认同。伍尔沃思（Woolworth）大厦是在区划法规通过之前四年就建成的，但却比该法规施行十四年之后建成的帝国大厦有更强烈的“缩进”感。除了不协调的天线杆之外，帝国大厦基本上是一种平滑的、实的体量从一个低的基座上升起。而伍尔沃思大厦则是一系列渐变的块体。这表明，制定立法条规对于创造一种建筑风格来说，是收效甚微的。但该区划法规也起了作用，那就是促进了建筑师在追求宏伟之中堆砌体量，造成尖塔形的一种模糊的趋向。从伍尔沃思大厦到电话大厦，其发展进程是直线式的。在吉尔伯特（Cass Gilbert）的哥特式尖塔之后，非对称的台阶形成了时髦，带来了更加罗曼蒂克的构图。纯然的“岩石”被那些只是为了强调垂直性的台阶所打破。胡德（Hood）是首先厌恶这种浪漫主义的人之一。他最近的摩天楼麦格劳—希尔（Mc Graw-Hill）大厦就避免了“缩进”，而符合了区划法规的起码要求。前面的两级“缩进”只会限制建筑的效果。由于侧面没有台阶形，因而未构成尖塔的印象。

评论家的另一信条是，有节制的装饰要贴切地适合于摩天楼的大主题。装饰的风格对他们来说似乎并不重要。意大利罗马式用于希尔顿旅馆之上，伊利·康（Ely Kahn）干净利落地切割出来的“现代主义”装饰，甚至拉夫·沃克（Ralph Walker）用在电话大楼上蜿蜒而上的平的板材，都是同样地可以接受的。然而，对于一种“新风格”而言，具有很多装饰格调是反常的。当评论家们对宏伟的体量进行视觉享受之时，他们一点也不为堆砌在结构之上的、按英里计算的机制装饰品而感到厌烦。

关于希尔顿旅馆，金博尔曾说道：“不明显的意大利罗马式细部处理，对于构思的新鲜感并无什么意义。”在观察了电话大楼之后，埃杰尔发现，“从传统眼光看来，这里几乎没有什么装饰。”事实上，当装饰并不构成可见的体形、轮廓之一部分时，我们的评论家们最感高兴。距离的迷茫及表层的朦胧始终是受欢迎的背景。他们迷着眼从（东河对岸的）布鲁克伦区看纽约的天际线，避免了装饰的干扰，因而为总体的恢弘而感到喜悦异常。他们的很多措词就是在这种高兴的时刻产生的：如关于电话大楼，塔尔梅奇称为“古怪的尖塔”；切尼称为“凸出的巉崖和退后的露台”。关于希尔顿旅馆，埃杰尔认为“工程庞大得叫人害怕，叫人敬畏”；金博尔则认为“高耸得很有韵律”。

他们所强调的都是体量。也许有人会得出结论，我们的城市最好不要什么装饰。这种设想是不对的。虽然对装饰并不注重，却也不能没有。不过，请让他们看一眼柯布西埃的一些外形良好而没有装饰的建筑，他们将立即表明，他们对于装饰是建筑必要的附加成份的感觉是何等天生就有的。

让我们对希尔顿旅馆加以具体研究。我将把它同早期的、并非直接地诚实表现结构的摩天楼实例蒙那诺克大厦（Monadnock，芝加哥学派的代表作之一，建于1891年——译注）相对照。

由于关于模糊的景观、城市的抒情风格等问题难以诉诸言表，我将谈谈更加确定的一些问题。埃杰尔特别坚持说，希尔顿旅馆表现了它的钢结构，这一断言是同砌体结构的蒙那诺克大厦相比较而得出的。沉重的砖墙在蒙那诺克大厦中支承着整幢建筑，因而窗户窄小是必要的，也造成了合乎逻辑的竖向线条。但希尔顿旅馆的竖向表现则并非基于结构。它的外墙是悬挂在内部的钢框架之上的，造成了窗户的尺度可以潜在地达到与墙面同高同宽。然而其窗户较之蒙那诺克的来，相形之下尺寸又小数量也少。简而言之，希尔顿虽然是钢结构的，但看起来却比实际上是砌体建筑的蒙那诺克大厦还要像砌体建筑。

两幢建筑的下层部分都是内倾的，其中之一的内倾是合理的，因为外墙必须有15英尺厚以便支承上部的重量。而另一个，用内倾墙则是站不住脚的。从承托重量的角度上讲，这一外墙到现在已无需存在了。凸出来的窗户开间，在早些年代的建筑中是需要的，这可使光线进来，否则厚厚的墙将会极大地减少光线的进入量。但希尔顿旅馆上的垂直凸出体却是不必要的花费，打乱了钢框架的规律性，并反而阻碍了光线进入位于凸出体侧面的那些房间。蒙那诺克的屋顶是平的，以适应现代屋顶的施工实践；而希尔顿的斜屋面则是荒谬的。虽然意大利罗马式建筑主张那样的屋顶，但今天还加以运用却是不必要的，并且纯然是一种仿造。早先的蒙那诺克带有一个残留的檐口，然而希尔顿因其没有檐口而受到称赞，但却保留了更加使人作呕的挑檐。

蒙那诺克没有装饰，希尔顿则充满了镶饰。其内倾也是为了装饰。拱廊、挑檐、滴水咀及罗马式窗心——所有这些都是装饰品。要把这些装饰看作是“无意义的”，其观察者一定得站的很远。

很奇怪，不管我们的摩天楼设计者是如何鼓吹唯一的建筑之路是纯功能的，但在实践中他们却继续运用装饰品。今天，装饰品是在办公室里用软铅笔创造出来的。在某些情况下，平面和立面、甚至窗户的排列，在考虑“建筑艺术”之前就已经做出来了。

美国的摩天楼设计，实际上并不是为了创立或者反对一种新的建筑。这也许只是一种新的工程标准，而并非一种新的美学风格。一种风格必须对装饰问题有始终如一的态度。如果一种本质上是新的建造方法被采用了，那种方法就应该得到足够的表现。同时，一种风格必须有至少延续几十年的价值。我们看到，本质上是全新的摩天楼已经在出现了。

美国的妄自尊大对于“摩天楼学派”的成长要负主要责任。在过去，尖塔和“盛期哥特式”建筑是庞然大物，同时也是建筑艺术。以此类推，我们工程技术的巨大成就似乎也应代表着一种新的建筑艺术之胜利。我们能够建造一千英尺高的大厦，就像历史上的文明时期所建的一百英尺高的大厦那么容易，这已经成为国家骄傲的一种源泉。在我们有教养的人中，对我们的文化充满了强烈的信念；但在大多数公众的心坎里，如此确定的却是对“好大”(**bigness**)的信念，这就自然地增长了对摩天楼的崇拜——“美国对建筑的艺术(**the art of building**)之伟大奉献”。

2. 恰当而宏伟的表现

——评《柯布西埃作品全集第五卷，1946～52》

（原载《艺术新闻》1953年9月号）

同伟大人物打交道的麻烦之一，是你决不知道他们究竟在忙什么。例如，柯布西埃从不设计一幢“柯布式”建筑，而总是作出任何建筑师或任何世俗的评论家从不曾想象到的、无法归类的设计。这一事实经常使他们很感恼火。我已经听到在别的方面可说是很聪明的一些建筑师指着柯布西埃全集第五卷中的那些建筑说：“这些最新的东西可真是古怪。”“古怪”（crazy）这个词的字面意思，就是“没预想到的”。这些建筑确乎出人预料。柯布西埃现已65岁了，而这正是他的全盛期。在作为国际式设计学派的领导人物（阿尔佛雷德·巴尔首先使用“国际式”这一名称；虽然大约在1922年荷兰及德国曾促进了国际式的产生和发展，但柯布是众望所瞩的领导人物）而知名了30年之后，柯布西埃现在却以全部精力投入空间雕塑，怎能不叫人吃惊和不可理解。

能将这个大人物同谁相比呢？同活着的艺术家相比是招人忌妒的。弗兰克·劳埃德·莱特属于另一代人。密斯的伟大之处在于别的领域。也许有点轻率，我认为可以同米开朗基罗这个好像是用双手塑造空间的雕塑家相比。但柯布并不喜欢在卡拉拉（Carrara）的采石场里凿削石块；他喜欢的是把自己的讯息刻印在他称之为最为灵活方便的材料即柔性混凝土之中，这甚至比青铜还要好。（奇怪，混凝土本是多么丑陋的一种材料。柯布从丑陋中创造出了多么美观的东西，这就更使人惊奇。）如同米开朗基罗一样，柯布喜欢用巨大而奇特的强调法（punctuations）来使劲地装饰空间。圣·彼得教堂的后殿（这是柯布十分赞赏的一件壮观的作品），有着尺度过大的壁柱、放射性的韵律以及尺度过小的壁龛，这些都可以在马赛公寓中找到对应物。（一个人站在柯布的那些大阳台上才多高？）尽管马赛公寓外形极简单，活像一个盒子，但也充满了尺度的巧技：在屋顶上，在下边及四周都可找到。

已经过世的诺维基（M. Nowicki）曾写道：“所有建筑都是内部建筑（interior architecture）。”也许是这样。那么，帕蒂农按此说法定然犹如一座雕塑，但作为整体的卫城则是一件建筑作品。因此，柯布的马赛公寓的大屋顶从空间上看是他已经完成的最伟大的作品。人们确实是站在室外，但却被一些零散的、创造建筑空间的东西所环绕。通风管道，电梯井，楼梯，假山，育婴堂，体育厅（the hall for physical culture，不大舒服的名字）的“比例及相互关系都很好”，这已是老生常谈了！也许有一点值得强调：沿屋顶四周的女儿墙把周围乡村景色隔断，只可“通过”某些物体或“超越”墙头而看见群山，它们显得有些可怖而且很近，这是和从地面上看起来很不一样的。

柯布在一张有这些形体和这些山峰的照片背面写道：“在光线下表现形式”。在运用光的问题上没有别的建筑师有他那么彻底。在这本他的全集第五卷的头上有一页，他复制了一张1910年为哈德里安别墅所作的草图，表现了从看不见的光源射到一个黑房间的光线之神秘感。“地中海光"(**Mediterranean light**)——强烈、兰色、深暗是他的专长。马赛公寓的屋顶形状，在光线下不时旋转、变小、变朦胧、变平，而群山则时而靠前时而后退。

摘引自柯布西埃早期文章里的话是使人讨厌的．例如："住宅是居住的机器"。也许这是出自培根早在十七世纪就提出过的一种说法："住宅是用来居住的，不是用来看的。"但"建筑是在光线下对形式恰当而宏伟的表现"，柯布的这句话就远为令人满意了。

柯布和别的建筑师都有他们的格言。这些是他们独有的，并且也正好表明了他们有多少嗜好和偏爱。弗兰克·劳埃德·莱特说，他建议将"树"(他加了着重号）作为美国建筑之灵感。他的流水别墅及约翰逊制腊公司大楼就证明了他是对的（对他来说）。密斯写道："无论何处，当技术达到真正完美之时，它就会超越自身而成为建筑艺术。"再有，"少就是多"揭示了一种超等的、注重结构明晰性的"营造者式"意识，即从最少的美学考虑中得到最大的效果。这就是密斯的"隐蔽艺术之艺术"(**art that conseals art**)，这已影响到他的克制地表现的雄伟建筑。每个建筑师都应该有自己关于建筑的不同定义。

柯布对他所写的"**lumi ère**"(光）是很了解的。马赛公寓是运用日光的奇特例子。房间都有两层高，但只有12英尺宽，端部空间都装上了玻璃，但在中间层的半腰处玻璃外用了一块平板，这就隔断了作为高层建筑的敌人的眩光（想想看，在没有放下百叶遮阳的纽约40层办公楼上工作是什么情景)，并将高光反射到天花之上。于是，人们就可沉浸在从地板、窄墙和天花板反射来的光线之中了。

可见该人已产生了多大的影响！我一直在问自己：在历史上何曾有过任何建筑师得到过如此广泛的赞扬，而且在他活着的时候其作品就被人模仿？的确，帕拉蒂奥在英格兰和爱尔兰颇有影响；也许某个无名的大师在古典时期曾发动过"地中海思潮"，但在今天，由于文字写作、照相术、个人主义以及西方文化在世界上的统治地位等因素，柯布已经闻名于整个地球。没有哪个国家（也许佛朗哥的西班牙除外吧？)找不到他的作品的例子或者他的追随者的作品（不管他们是否被称赞为他的追随者）。我们这个国家也许最少，但单以纽约而言，联合国大厦即是直接受他的设计所影响的，还有丽华大厦也是直接受他的影响的。日本将柯布列为西方建筑师中第一个要加以模仿的。在拉丁美洲，所谓现代建筑就是柯布式建筑的同义语。

然而也没有哪位建筑师像柯布那样遭到攻击。在1930年，他是"一个制造方盒子的严肃的功能主义者——**machines a habiter**"，即没有美学成就，甚至没有艺术追求。今天，他则是"不切实际的马赛的艺术幻想家"，他为了冷漠的和昂贵的美学理论而牺牲了他的业主的经济利益、现代管线和舒适。当然这些说法都不是事实。他早期的简洁而有强烈颜色的"方盒子"真可谓转化成了三度空间的绘画作品。而他的马赛公寓是住了人的著名的舒适住宅。

一般来说，在美学上对形式的不喜欢，会引起对不同平面的无意义的理性主义批评。难道我们都是"以我们的偏见来思考"吗？

柯布的伟大之处究竟是什么？也许他如何处理幻想与专业训练之间的关系，可以作为一条线索。他从来不是一个纯粹方块块的推崇者——（他称方块块为"最难处理的形体"），而同时他却是他的同代人中的第一流幻想家。正是他如此推崇立方体真正的价值，他首先把他的立方体建筑建于"**pilotis**"（支承柱）之上，我设想那是为了显示这立方体的第六个面即最难显示的一个面。然后，在立方体为蓝天所衬托之处，他塑造了非同一般的形体：反向的锥体、曲线的屋顶、圆筒和方盒子，甚至假山。

在马赛（记住，很难从这本书上的照片去评断)，支承柱的形体犹如巨手举起这庞大的重量，好像阿特拉斯（希腊顶天巨神——译注）努力举起地球一样——犹如杂耍里的举重演员，他努力使劲上举以增加观众的体量感。也如同米开朗基罗（在圣·彼得教堂）的巨大柱式，这些“手”确定了强烈的、主宰整幢建筑的韵律。马赛公寓从本质上说是纯粹的立方体——一个浮在空中并且大加装饰的方盒子——但它确乎是一个方盒子。

昌迪加：(印度）旁遮普邦的首府。柯布在本年（1953）的事业仍然大为前进。他的代表作（他的“圣·彼得教堂”)现在正在印度建造之中。建一座城市是每个建筑师的梦想——但在实践上谁也不可能。自从费拉雷特（**Filarete**)和尼奥拉多(指达·芬奇——译注)以来，建筑师就这样梦想并计划着，但至今没有哪个宏伟的计划是以石头和钢铁来实现的。是的，有新德里，有豪斯曼（**Haussmann**)的巴黎，还有堪培拉，但当现在的梦想家们寻求实在的城市模型时，这些地方一个也轮不上，却注意于希腊和威尼斯或者像英国巴思的月形宫这样一些小的点上。

像柯布这样的建筑师被赋予修建如此大规模的建筑任务，这的确是我们这个文化时代的伟大之证明。(该城市是在东方，西方世界应为此而感到荣耀吗？)

对这样一个巨大的设计，人们会寻求某些先例。文艺复兴的太小，而巴洛克的又太趋于对称。甚至第一个浪漫建筑师莱道克斯（**Ledoux**)也把他的那些城市设计得相当呆板乏味。中世纪对空间的紧紧围合过于感兴趣而不适合于我们的时代。我想到的最恰当的例子是雅典的卫城及某些罗马广场。在那些地方，建筑和被崇拜的塑像都是按照印象及逐步接近它们的角度非对称地布置的。看看这些我相信是柯布所作的模型吧，作为画家——雕塑家——建筑师的柯布在此已设想出了他的宏伟的市中心平面。

平面也是艺术——仅仅看看昌迪加的平面就感到很舒服。体量多么均衡，用道路和小径将整体联系得多么好，西南面的各部大楼确定得多么好，东北面的宏伟纪念碑又强调得多么妙。

这并不只是个“漂亮平面”而已。它真的可行。例如汽车的祸害第一次得到了解决：车辆被导入边道和后入口（这里不会有拥挤，因为平面铺得很大)，于是步行者成了国王。柯布了解得很清楚，车辆交通会将空间分割开而不能将空间统一起来，把威尼斯和纽约的时代广场比较一下就能明白。每种实际需要在这个平面中都考虑到了。全部建筑都是可建成的，其造价都很合理。

但昌迪加的空间也很奇妙。在交通线之上有人行道，可以看到水面那边的园林、看到假山；方向不时变化，步移景异。最使人兴奋的（平面上也如此）是到达邦首长宫殿去的步行道：每边都有一道长长的墙，很低的地方是水池和台阶，还有园林和树木；而墙（差不多有100英尺那么长)不是直的，但却时薄时厚，又时而变换轴线。柯布解释说，这是为了给到达宫殿的道路增加趣味性，否则像这么大的尺度会感到平淡无味。

“历史上第一次”,这在曾经有过帕特农和金字塔的建筑艺术中，是一句很有份量的话。像昌迪加这样巨大而激动人心的空间组织，过去还从未有过。吴哥寺极小，紫禁城也不大。金字塔虽然是庞然大物，但它并非一个城市。柯布已经看到的危险在于，宽广度看来有点过分了。它可能导致无聊。这是他的天才未竟之处。

法院大楼已接近完工。它将像马赛公寓一样的雄伟。在这里，马赛公寓的“纯粹的立方体”像一只手套那样彻底翻了个个儿，马赛屋顶上用的巧技被用于建筑体量之内，支承柱也在里面。外面则是一个方盒子，但是一个只在两端和顶部才是实体的方盒子。从两个长边看来，它只不过是一个宽大的遮蔽物而已，或者如柯布所称是一把大伞和一把小洋伞。在此遮蔽体之下，有三组建筑，都各有其屋顶垂下孟德里安式（**Mondrian-like**）遮阳板及屏风。在三幢建筑之上，盖有拱顶的遮蔽体自由上升，而在它们之间保持开放的空间犹如西方建筑中任何的空间那样使人印象深刻。

这本书很难读懂。一般读者应集中于两章：关于马赛公寓，这已经盖成并住上人了；还有就是关于昌迪加。这两件伟大作品是目前为止他的代表作。另外，对于建筑师读者，请务必要看每一张图。如果要读课文就应该读法文的（说句公道话，你最好能懂三种文字）。

本书无需作正式的评论。这是评论家的柯布写给建筑师的柯布的第五种生活纪录。评论家所选录的，包括画家柯布所完成的雕塑的照片。毫无疑问，这种多元的、广泛的艺术活动，增强了柯布对建筑的精益求精。

3. 现代建筑的七根拐棍

（1954年12月7日在哈佛大学设计学院对学生的谈话）

艺术是与智能训练无关的——它根本不应设于大学之中。艺术应该在天沟里——对不起，在搁楼里进行实践。

你能学到多少音乐观念或者绘画观念，那么你也就可能学到多少建筑。你们不应该空谈艺术，而应该去创作。如果我必得述诸言辞，那是因为没有别的办法来进行交流。如果我们要同周围的世界进行斗争，那就得置身到那里去。我们必须用言语来促使那些咬文嚼字的人回到他们该去的地方。

因而我就不妨来触动一下建筑的七根拐棍（Crutches）。我们当中的一些人很欣赏这些拐棍，并自称"我们是在走路"，而别的一些有着两条腿的可怜虫却是有点残迹的。但我们都不时地运用这些拐棍，尤其是在学校里，你必须运用语言；当教学的时候，就很自然地运用语言，否则教师又怎样给你打分呢？"入口很糟糕"或者"洗澡间未后退"或者"楼梯太窄"或者"主房间在哪里？""烟囱没有画"，"厨房离餐室太远"。对教师来说，提出一套法则，说是你违反了它们，这是相当容易的事。他们不说"那是很丑的"，因为这样你就可以回答你感到那是很好看的嘛。由此可见，在学校里特别容易运用这些拐棍。如果我教书的话，我也必须运用这些拐棍，因为我不会比其他教师更好地评论外加的美学准则。

最重要的当代拐棍现已不适用了：那就是历史的拐棍。过去，你们可以借助于书籍。你可以说："你不喜欢我的塔楼，是什么意思？这可是雷恩（Wren，英国17世纪著名建筑师——译注）式的。"或者回答："Subtreasury大楼上就是这么作的——我为什么不能这样呢？"可是历史现在已不大吃香了。

但下一根拐棍现在仍然同我们有不解之缘，虽然图要画得好这根拐棍也已经一去不返了。我们中有这种人——我就是其中之一——我们已经习惯于对漂亮的平面的崇拜。这是一根极好的拐棍，因为你能给自己一种幻觉，就是当你绘制漂亮的图纸时，也就是你正在创造新的建筑之际。从本质上说，建筑是这样一种事物，你建造它，将它很好组织在一起，人们能走进去并喜欢它。但这是一件相当困难的事。而漂亮的图纸则较为容易。

第三个是效用（Utility）或适用性（Usefulness）这根拐棍。我就是在这种环境下成长起来的，我已经使用了这根拐棍了，这可以说是老哈佛的一种嗜好。

他们说，一幢房子如果能适用，在建筑学上就是好的。当然，这是胡扯。所有的建筑都是适用的。这幢建筑（指哈佛大学老建筑系馆Hunt楼——译注）可说很适用，如果我讲话大声点的话。帕特农神庙对于它之用于所计划的庆典来说，也是很适用的。换句话说，一幢建筑仅仅是能适用，那是很不够的。的确，我们希望建筑能适用，在今天你就希望厨房的水龙头能流出热水来。你会要求任何一个建筑师，不管他是不是哈佛的毕业生，都能把厨房设计得恰到好处。但是，将适用作为一根拐棍的时候，它就变成一种障碍了。它哄骗你，使你以为那就是建筑学。我们大家都曾被授以成套的法则——如像"大衣的橱柜应靠近住宅的前门"、

“交叉通风是必要的”等等，但这些对于建筑学来讲，并非特别重要。如说我们应该有个前门以便进出，并有个后门以便送走垃圾——这很好，但我前几天曾不耐烦地提到，在我的住宅里我是把垃圾从前门送出去的。如果把使住宅运转得好的考虑超越了艺术创新的优先地位，其结果将根本不是建筑学意义上的建筑了，那就会成为仅仅是有用元件的堆砌而已。

下一根拐棍更糟：使人舒适的拐棍（crutch of comfort）。这是我们大家都愿意获得的嗜好，如同适用一样。我们的思想都是从米尔（John Stuart Mill）那里一脉相承的。毕竟，除了使生活在建筑中的人们感到舒适之外，建筑还有别的什么目的可言呢？然而，当把舒适作为建筑设计的一根拐棍之时，环境控制却开始代替建筑设计。你很快就能掌握环境被控制了的住宅设计，那并不困难，除非你硬要开个西窗而你又无法控制太阳。世界上可说没有一种悬挑屋顶、哈佛也没有什么日照图表对此能解决问题，因为太阳总是无处不在的。你知道他们所指的被控制的环境是什么意思吗？那是指对小气候的研究，也就是教你如何创造一种能使你感到舒适的气候的科学。但是，在那种环境中你是否真会舒适呢？譬如壁炉在被控制的环境的住宅中被认为是不恰当的，因为它不断放热并扔开了恒温器。但我却喜欢漂亮的壁炉因而将恒温器指针降到华氏60度，然后再点燃巨大的火苗，因此我能前后移动。这样一来就不成其为被控制的环境，而是我控制环境了。这更有意思。

有的人说，舒适的椅子就是好看的椅子。果真如此吗？我认为舒适是一种功能，无论你认为它是否好看。你自己试试看吧，除非你对我不那么诚实。不管我的家搬到哪里，我始终带着密斯设计的椅子，至今已有25年了。它们并不是很舒服的椅子，但如果人们喜欢这些椅子的式样，他们就会说：“难道这些椅子不美吗？”当然的确很漂亮。然后，他们将坐在椅子上，并说：“噢，难道这些椅子不舒适吗？”然而，如果他们是些认为弯曲的钢腿支撑的椅子难看的人，他们就会说：“噢，多么不舒适的椅子。”

接下来该谈“便宜”（cheapness）这根拐棍。作为学生，你们尚未接触这个问题。因为没人要你削减一万美元的预算，也因为你们尚未建成任何东西。但那是你们在实践中将要学的第一课。那些要便宜的家伙将会说：“任何人都能设计一座昂贵的住宅。哦，请看我的住宅，仅仅花了二万五千美元。”能以二万五千美元盖成一幢住宅，对任何人当然都是一件值得自夸的事。但是，他所谈论的是建筑学呢，还是他的经济能力呢？这种单从经济上考虑的倾向，譬如说在纽约已经走得很远了，以至那些被房地产业的生意经充满了头脑的人们认为，利华大厦在底层居然未设出租面积，真可谓“非美国派头”。他们认为，那是一种与外表不符的建筑上的失误。

再下面是一根非常糟糕的拐棍，你们将在以后的专业生涯中碰到，这就是“为业主服务的拐棍”（crutch of serving the client）。如果你说：“得啦，业主希望这么做”，那你就可以逃避一切批评。胡德（Hood）先生，我们真正伟大的建筑师之一正是这么说的。他可以把一扇哥特式的门装在摩天楼上，说：“我为什么不这样呢？业主希望在现代摩天楼上有扇哥特式门，我就装了上去。因为，我的职责难道不是为了满足业主的要求吗？”一个年轻人在这次讲座前的晚餐上问我：“你如何掌握这一界限，即什么时候容许你回敬业主的要求，又是什么时候你将对业主欣然屈从？”我必须说明白，并希望你们从心底里明白，为业主服务是一回事，而建筑艺术是另一回事。

也许最麻烦的要算“结构的拐棍”了，它离“家”近得要命，我自己就一直在用它，且今后仍然要继续用它。某些东西你不得不用。像富勒，它正在各个学校转来转去——就像一阵狂风，如果它刮来了你们就不会不知道：他一谈就是几小时，而最后却说，全部建筑学都是胡扯，你必须搞点像非连续性穹体结构之类的某些东西。论点倒是很漂亮。我一点不反对穹体，但天晓得，怎能把它叫作“建筑”（**architecture**）呢！你们从未见到富勒在他的穹体建筑上装上个门吧？他在这方面从未成功过。但他很聪明，当设计这些穹体建筑时，他没有在其上设置任何复盖物，因而使之成为一些宏伟的纯雕塑品。单是雕塑不能成其为建筑．因为富勒并未涉足诸如怎样出入等建筑问题。墨守结构是很危险的，这甚而会使你认为，清楚地表现的干净、利落的结构本身最终将取代建筑学。这样一来，你或许会说：“我不必再做设计了，我必须做的一切就是使结构有条不紊。”我自己对此时信时疑，有时觉得这是很好的拐棍；毕竟，只要你运用同样的开间，所有的窗户的尺寸都一样，就不会使一幢建筑弄得乱七八糟。

为什么在这个时候应有点“拐棍意识”?为什么我们不应直接地走向并面对创作的行动?创作的行动，就如同生与死一样，是你自己不得不面临的。这里没有规则。也不会有人能告诉你，譬如说从六亿中选出的一个窗户比例就会恰到好处。没人能同你一起进入你最后作决定的领地。总而言之，创作的行动是无法逃避的；那又为何同它过不去呢？为什么不承认，建筑是不可回避的、必须作出的艺术选择之总和呢？如果你颇有能耐，你就能作出这些选择。

我喜欢这样的想法，即我们在这个地球上要做的事情就是修饰它，使之更加漂亮美观，从而使晚辈们能够回顾我们在此留下的那些形象，获得如同我们回顾先辈们留下的帕特农神庙与夏特尔主教堂时同样的激动。这就是责任。我怀疑我们这一代能这样去做，因为困难太多了。但你们能够这样做。如果你们有足够的能力，并且不受那些拐棍的干扰，面对要创造一点新东西乃是一种直接的实践这一事实，那么你们定能做到。

我喜欢柯布西埃关于建筑学的定义，要是我能像他那样加以表达就好了：“**L′ architecture, c′ est le jeu. savant, correct, et magnifique, des forms sous le lumière**”，即：“建筑学是在光线下对形式的表现，对形式正确的、巧妙的和宏伟的表现。”我的朋友们，“在光线下对形式的表现”，这就是问题的全部。你可以用布置梳妆盥洗间的办法来修饰建筑学。但在梳妆盥洗间出现很久以前就已有了伟大的建筑了。我喜欢尼兹思奇（**Nietzsche**）这个被极大地误解了的欧洲人的定义，他说：“在建筑作品中，人类的骄傲，人类征服万有引力的喜悦，人类显示力量的意志表现为可见的形式。建筑是一种由形式所构成的力量之真正显示。”

在这些问题上我总的观点显然不是唯我论的，不像所有那些论调那么直观。说到底，如果我们不依附于任何拐棍，下一步我们将怎么办？我是一个传统主义者。我相信历史。我指的传统，意思是在自由中发展某种我们在工作之初即已发现了的建筑的基本方法。我绝不相信建筑中的永恒革命。我并不为首创性去奋斗。正如密斯曾对我说过的：“菲利浦，与其求新，不如求好。”我相信这点。我们很幸运，可以在父辈们的作品的基础上进行建造。当然，我们也讨厌他们，正如所有神圣的儿子们都讨厌所有神圣的先辈们一样。但我们不能忽视他们，更不能否认他们的伟大。我指的当然是这些人：华脱·格罗皮乌斯、勒·柯布西埃和密斯·凡·德·罗。还应包括十九世纪最伟大的建筑师——弗兰克·劳埃德·莱特。我们已有了传统、有了这些伟人所完成的工作做我们的后盾，这是很好的。你们还能想象会生活在比这更好的时代吗？在历史上，传统从未如此清晰地被界定（**demarked**），从未有过如此伟大的伟人，我们也从未向他们学到这么多东西而又走我们自己的路；没有受任何风格限制的感觉，同时也知道我们所做的将是未来的建筑，而不必担心我们会像今天的浪漫主义者一样可能一事无成地迷入羊肠小道。在这种意义上，我是一个传统主义者。

4. 风格与国际风格

（1955年4月30日在巴纳德学院的讲话）

艺术家一贯是含糊其词的，他的历史观被偏爱所蒙蔽。他这样做的理由不是别的，而是追求盲目的艺术选择的纯然理性化。

这完全适合我的情况。我的朋友希契柯克先生（**Hitchcock**）知识渊博，能说会道，而我则想含糊其词，或者说想主观地对待事物，因为艺术家如果不想失掉其艺术之为艺术的个性化，那就必须如此。

现在，希契柯克先生同我有着一种特殊关系。他不仅是一位评论家，而且是"我的"评论家。我发现了他。因此，如果在我的讲话中出现了某些与他同样的用语，那绝非偶然，因为是我用了他的。我曾在三十年代那些使人兴奋的日子里以年轻夥伴身份同他合作，从他那里学了很多东西。我倒很希望有他那样的名望，因为在我看来创造性的评论家较之创造性的艺术家在对整个文化所承担的责任方面更为重要。即使这并非普遍如此，但却无疑适合我的情况。我始终欠着希契柯克先生的债。

因此，作为一个对艺术有着偏爱的实干家，我可以随心所欲，变得无理性（**non-intellectual**）和不受禁令所约束。我得说明，"无理性"这个词我是反其意而用之，因为这个词扼杀艺术。它是一种抽象，而艺术则是具象的。这个词很古老，在使用中又增加了很多意义。艺术是新的。这个词是泛指，而艺术是特指 词语是心灵——艺术是眼睛。词语是思想——艺术是感觉。对我来说，用一支铅笔和几声咕噜来讲话更容易；但我如此不善言词，因而连咕噜也不用，单凭笨拙的工具尽力而为，试图同你们那些也许同样笨拙的脑子对话——因为你们的脑子已经在学究气的环境之中习惯于除了词语，还是词语。

历史始终迷住了我——很糟糕，历史是用词语写成的，故尔丧失了史实本身的风味。我指的是建筑的史实，那是只能用眼睛来学习的东西。还有，本世纪中叶我们的历史地位，据我观察，看来很好；似乎我们正处在一个黄金时代——没有别的堪称金色！也许别的艺术也有所进展，我就不得而知了。

对于建筑，你得脚踏实地。这一领域并不能像绘画那样分为写实派与抽象派，甚至也再不能分为现代派和传统派。杂志所登，学校所授全是现代的，而现代建筑则一年年地更加漂亮。美国建筑堪称世界之冠，并且越来越好，这并非沙文主义的观点。

问题是，当你处在这一黄金时代之中，又如何来阐述它。

也许我们得从那难以想象的1923年从头说起。（对于希契柯克来说，日期显得不那么重要；他所看到的是历史的延续性。我则将这一时期以前视为一片空白。）那是趋向革命的一年，是一场关于风格的革命，离开了个人的风格。1923年以前，已有了一些伟大的建筑师：

芝加哥的沙利文（**Sullivan**）和莱特（**Wright**），德国的奥尔布里赫（**Olbrich**），奥地利的瓦格纳（**Wagner**），苏格兰的麦金托什（**Mackintosh**）以及西班牙的高迪（**Gaudi**）。我们并不否认他们的天才，而只否认他们的关联。除莱特以外，他们都曾处于真空之中。此后则是更加离心、更加分裂的运动：罗曼蒂克的成就，但黄金时代却需要比天才更多的东西。我们每个人都已从这些大师们那里学到了不少，正像今天的画家们无一不曾看过塞尚（**Cezanne**）的作品一样。我已经从沙利文及高迪那里学到了很多东西：沙利文是最先知道如何处理办公大楼的人（不要忘记，在世界历史上那是一个新问题）；高迪熟知色彩和曲线——他是我们伟大的勒·柯布西埃的雕塑家前辈。

然而，重要的是，我的合伙人，或者用一个讨厌的新词**biographee**（我为之写传的人）——密斯·凡·德·罗发现，只有与高迪及沙利文同辈的荷兰建筑师伯拉格（**H.P.Berlage**）值得效法。伯拉格是他那个时代的建筑大师，正如密斯是当今的大师一样。密斯将建筑作为一种把砖、石头、钢材结合在一起的技巧加以赞扬和尊重，这是从伯拉格那里学来的。而历史学家希契柯克在他今天上午的讲话里却根本未提及伯拉格。这些人在十九世纪九十年代及二十世纪初是伟人，但他们的工作则彼此隔绝、难于比较。我甚至怀疑，高迪是否曾听说过伯拉格。那时不曾有共同的风格，也没有共同的成就可资描述。他们的成就亦未能形成一种主流。诚然，并非在英国及其殖民地结束了巴洛克及其无生命力的帕拉第奥风格之后才出现普遍性的（我指西方而言）风格。至少，对建筑来说每个黄金时代都有一种风格，你们在学校里学到的那些名称足以为证——哥特式，希腊式及拜占廷式。一种风格总有一套可以理解的（用我的话说就是可感知的）概念或者先决条件赖以进行设计。每当一种风格枝叶繁茂之时，一些公认的伟大纪念碑就会建立起来。希腊式缓慢地昌盛起来，而文艺复兴式的发展却十分迅速；但各自都有一种风格。在我们这个时代，在1923年以前是无所谓风格可言的。

我已经将莱特从那些没有后继者的早期大师中分离了出来，因为唯有莱特阐明了一种法则。对于天才来说，创造不同一般的风格是可能的，例如米开朗基罗即打破了文艺复兴风格的限制，至今在建筑史上还留下不可思议的迷。莱特是我们时代的米开朗基罗。在差不多50年前的某一天，他创立了现代建筑，而且从那以后一直在创造风格，尽管它们之间的相关性越来越少。1900年的河滨俱乐部可说是1923年风格之先声，但莱特从一种手法到另一种手法直到如今；虽然他不愧称为世界上最伟大的建筑师，然而较之五十年前他的影响反而减弱了。巴洛克风格似乎从维尼奥拉（**Vignola**）的罗马耶苏教堂发展而来，而较少受米开朗基罗的大变形之影响。现代建筑应更多地归功于密斯和柯布西埃，而不是莱特。今天的建筑已形成一种风格，莱特虽极大地受其影响，但却并非它的一部分。

说来奇怪，就在昨天我还在考虑到什么地方去走走以便开开眼界。我以为参观一下卡塔兰诺（**Catalano**）在北卡罗来纳州拉弗勒所建的层积木双曲抛物面住宅要比参观莱特的任何新住宅更感兴趣，这似乎对我们所讨论的题目更有关系。

再回到1923年吧。那一年的创新，就是达到一种共性设计（**a Common kind of design**）的创新。今天，所有的建筑师，我敢肯定也包括在座的建筑系学生均可追溯到这种创新上去，恰如追溯到共同的先辈一样，因而这是与我们对夏特尔大教堂或者对帕特农神庙的敬重有所不同的。我现在进行设计之时，仍然可以从1923年密斯的乡村砖住宅或者柯布西埃的阿西芳（**Ozenfant**）住宅学习设计、造型手法的文法。作为晚辈的佛洛伦廷内斯（**Florentines**）曾以差不多同样的方式向布卢内尔雷斯基（**Brunelleschi**）学习，当然不是照抄，而是重在延续感。1923年的作品与三十多年后我们现在在学校里所教授的东西比较起来，要比1923年的作品与仅仅在此十年以前的1913年的作品比较起来更为相似。新的传统已经如此牢固地抓住了我们。

我并不是说现在已建成的建筑都具有新风格，实际远非如此！但在具有如此奇异的建筑活动的时代，文化的落后较之不开化的时代要更加强烈地被感觉到，这是十分自然的。麦迪逊大街上的一批建筑就不值一提。任何时期都只有极少数建筑堪称得了艺术之真蒂，而今天这种建筑则更是稀罕之极。

我并不试图对风格下定义，甚至也不想阐述“我们的”风格。现仅从家俱设计领域举出一例，或可说明我们运动的健康及生命力。你们也许已在我纽坎南的住宅或别的什么地方见到过密斯于1928年设计的所谓“巴塞罗那式椅子”，这是目前最好的设计。它没有时限。27年以来我没有见到比它更好的了，我想比我年轻的设计师都会同意这一点。再说，我们从1928年再往回看27年即1901年，往回看那些稀奇精巧的新艺术运动（**Art Nouveau**）的作品——那些短须的曲线木椅或者直的、棍式的工艺美术椅，我们将被一种变化与变革的觉感所震惊。现在的确有一些新的、好的座椅设计家，美国就有埃姆斯（**Eames**）、纳尔逊（**Nelson**）和沙里宁（**Saarinen**）。虽然他们都属于我们时代的风格，但却没有把1928年的巴塞罗拉椅视为陈腐过时。

1923年为什么会发生这种事情，有待历史学家去阐述：直线抽象画的成长；将钢和混凝土结合起来进行设计的愿望；对机器的崇拜；第一次世界大战的结束；莱特的巨大影响等。我只知道它发生了，我对此颇感兴奋。我的确不愿徘徊于“风味”（**taste**）之任意的荒野之间，而如若在上世纪我就不得不如此。在这一团乱麻之中，只有一个理查逊（**H.H.Richardson**）或者沙利文能够幸存下来。我所庆幸的是，现在我能以先辈为依靠，并希望能踏在他们的肩上走向能够恰当地表现我们时代的建筑。

一种风格并非如同我的某些同行所想的那样是一套规则或限制。一种风格是一种在其中进行工作的气候，是一块借以跃得更远的跳板。勿论何时，当你设计一幢新建筑时，创新风格的责负简直使你不得自由；除了像那些最伟大的米开朗基罗们或莱特们之外，那实在是一种沉重的负担。严格的风格训练一点也未限制帕特农的创造者，而尖拱也并未束缚住亚眠主教堂的设计人。

一种风格也并不是一套为评论家所运用的规则。它是一种公认的视觉美学原则之主体，其中某些部分甚至可以为施工工长及评论家以书面加以表述。“现代风格”的某些特点已为希契柯克和我在1932年的《国际式》一书中就描述过了，但回想一下它们是什么很有兴味。我自己天天运用这些原则，当然那并不像一本圣经，倒像是我眼睛上的透镜，或者像德国，称之为“**Weltanschauung**”——意即“你如何看待事物”的方法，即世界观。因而它也不是一套否定词语。想略加阐释，因为25年前恰当的术语，到现在恐怕早已时过境迁了。

自然，我们（我那时协助希契柯先生）曾试图描述我们时代的风格与以前那些风格之间的不同。我们首先感到，我们的风格已否定了将体量作为体积组合与开窗方法考虑的要素这一美学组织原则，而喜欢譬如象一幢框架建筑那样的轻巧感。我们将砖砌墙设计成竖直向上的，而不像过去的风格那样，呈下大上小的锥体。其次，我们感到在现设计中已不用轴线作为排列的法式了，而代之以柱列本身进行排列的模式。第三，我们避免用过去的装饰手段。这些当然并不是对一种风格的全面论述，——任何词语都难于做到这点；但就这几点而言，它们仍如25年前那样的真确。

在研究纽约现代建筑中也许是最好的一个的丽华大厦（**Lever House**）之时，及以看出其总体效果是一种轻盈的柱体，其建筑的秩序感为其下的柱距所表现，而并不用装饰品来堆砌。细心的观察者也许会为柱子非同一般的节拍（按严谨的常规，这颇有些"文理不通"）、或者为这一轻盈柱体后面大而笨的防火梯所迷惑不解。这些都是次要之点，并非意味着是对设计人邦沙夫特（Bunshaft）的批评。但问题是，这些次要点之被注意这一事实，突出了用以作为评判基础的一套共同标准。

我回忆起一件十八世纪的英国轶事：一个忘了在窗户洞口砌接砖（closer brick）的瓦工被过路人嘲笑而摔下了脚手架。然而在整个纽约市，我看就没有一垛窗间墙是正确地运用了接砖的，但却没有人注意到这一点。十八世纪重视砖的砌筑，而我们则更看重柱间距。不同的风格，就有不同的注视焦点、不同的概念与标准。

我们的风格并不是刻板的。刻板的公式的确能造成蹩脚建筑师，但却约束不了那些富于想像力的建筑师。妙就妙在这里！再没有一个艺术家把规则和公式看得比他的"Weltanschauung"即他用以看待世界的世界观更为认真。他只求创造。事实上，他是在尽力向已有的风格、向已知事物斗争而走向未知物，走向创造性。正是这种风格与变化、已知与未知之间的张力使风格保持活力。另一方面，在本质上是同现代风格一起成长起来的每一个现代建筑师，能够以全力来同这一风格作斗争。如果他是伟大的，他将使之转向。我用的"将来时"，因为迄今还没有人作到这点。

然而风格已经经历了若干阶段。在二十年代，窗户非对称地点缀于拉毛的墙面上，表现了轻盈的外表层。在三十及四十年代，表现力强的、清晰的骨架构造起而代之，甚至于暴露的砌体也再不使人皱眉头了。同时，在三十年代，从二十年代的方盒子变形而来的"自由式"颇为活跃。有几个好莱坞游泳池和夜总会天花这样做了，但这已是一种过时的爱好，就象小汽车中的"自由车轮"一样。今天的时尚，尤其是在学校里，则是在于混凝土薄壳屋顶，这再一次表明正努力寻求一种对柱顶板、平屋顶的现成风格的代替物。其初始阶段十分健康，但却很难说是一种新的风格。我们99%的建筑仍将是多层的，无法采用在其上行走困难的双曲抛物面屋顶。

我们之中在风格上最不落俗套的、无疑也是最伟大的建筑师就是勒·柯布西埃。几年前，在为追求雕塑效果的奋斗中，他在朗香设计了一座教堂，本想用一种网状材料在其上铺设混凝土而成。但柯布西埃超越了他的时代，这种办法难以运用，因此最后仍按老办法建造——毛石砌体及混凝土混合使用，并全部覆以抹灰拉毛。教训在于，柯布西埃所关心的是骨架和体量，而不是如何砌筑。即使是技术人员，如果反应迟钝也无法跟上他的光辉思想。

最后，我想以对另一位真正伟大的建筑师密斯·凡·德·罗的近期作品的评论来结束这一讲话。与柯布西埃这个巴洛克精灵、画家和雕塑家相对比，密斯始终是我们的风格的纯正派建筑大师。密斯的座落在纽约公园大道上的西格拉姆大厦正是简洁的风格之构思精华。作为该工程的合夥人，我和他共同创造了这一构思。

首先是关于这一地段。在设计一个杯子时，其虚空部分即是构思的基本成份。要在比现代美术馆的庭院还大的100英尺深的园子上建起500英尺高悬崖峭壁般的塔楼，这是主要的特点。世界上迄今还没有500英尺高笔直地竖向天空的高楼！如公园大道南端的纽约中央大厦就没有那么高，而其他大楼都有"收进"（Setback，即台阶形的后退——译注），因而隐匿了它们的真正高度。你要是到长岛上去往回看，你将会看到你在曼哈顿所见不到的那些高楼的景象。

西格拉姆大厦的塔楼是一个 5 × 3 开间的长方形，十分简单，但在其后面以一道肋来加强其刚性。这道肋是以大理石饰面的。

这里，我想提出几点以便你们检验古今建筑之用。像所有的伟大建筑一样，西格拉姆大厦的转角、收顶、基础及入口四个部分极好地融为一体。塔身全是玻璃的，这是第一幢从楼板至天花都全是玻璃的高层建筑。(联合国大厦和利华大楼，不论它们看起来如何，都是部分是玻璃的。)转角进进出出，形成挺拔的青铜色窗边。顶部则是不收口的青铜色窗边框的细条装饰，有三层楼高，设有 青 铜 色电梯机器间之类的房间。第三部分，即基础，是成排的大方柱，其后装有入口大厅玻璃。柯布西埃的第一个公式，即建筑物离开地面而升起以便增强其轻盈感，在这里得以体现。入口，当然还有从入口至后部空间的行进过程，是对称的、宏伟的空间之序列感，这是一种干净利落的流线，没有我们通常在大建筑中所见到的那种通向电梯间的拐弯抹角。

请记住这四点，并将你所见到的其他摩天楼相比，这里没有什么惊人的不同。你不必去管那些"后退"——那些老式的关于体量的设想，那些"结婚蛋糕"式的建筑造型，而集中研究纽约摩天楼的屋顶。你将发现，办法甚多，且都是尖顶和可操纵的桅杆，其中不乏成功之作。密斯总是说，与其求新，不如求好。十五世纪的希腊人想必也说过类似的话，试想谁又能站在雅典的卫城之上而会抱怨他周围的建筑缺乏创造性呢？

真的，有了密斯才能有西格拉姆这样的建筑。但同样真确的是，因为我们已有了一种被接受了的建筑风格，才使得西格拉姆成为可能。

我们建筑的黄金时代才刚刚开始。创始人们仍然健在。其风格本身才仅仅经历了一代人的历史。迄至我这一代，甚至于现仍在学校就读的一代，应该抓住未来的良机，创造能与其他黄金时代——埃及、罗马、拜占廷等相比的那种纪念碑式的建筑，作为未来之灯塔，作为物质的前提以便记起我们所处的时代和我们这个世纪。

5. 一百年，弗兰克·劳埃德·莱特和我们

（1957年3月在西雅图美国建筑师协会华盛顿州分会的讲演）

我们确实应该到西雅图来，以便离开墨守陈规的东海岸而呼吸健康的空气，这对任何建筑的新纪元来说都是基本的条件。总的印象是，我还没有到过一个像你们这样水平高的、新鲜的城市。

我前一天是在旧金山度过的，那是一个大一些并有着悠久历史的城市——同时还有梅贝克（**Maybeck**）和其他人的伟大建筑。但就以现在的成就而论，至少在过去三年以来，你们这里做得更好一些。

你们更新一些，你们没有被旧金山那样的传统压倒，那种传统以其普通的窗户和普通的墙面而显得似乎很傲然。但你们也的确分享了木结构的传统，一种用大木头使之能被看见的伟大的梅贝克传统。这与东海岸不同，在那里他们情愿用四分之三英寸的板材或者三合板。你们的确与加州有共同之处，但我认为你们用得更新颖，并更多地与世界其他地方的格调混合使用，而不虑及将来。但今晚我不打算谈将来的事。

我对弗兰克·劳埃德·莱特很感兴趣。我愿讲一下我长期以来想到的几件事。我已认识莱特先生很多年了。他现在仍然健在，因此我想现在正是该讲出来的时候，因为如果等他去世了，那句古老的格言即“不提去逝，但说好话”将封住我的嘴。因此我不打算等到那个时候，而应该痛快地说出我愿说的话。

莱特使我烦恼了一些时间（我并不是说他不是一个伟大的建筑师）。他说，我的住宅，特别是你们可能已从照片上见过的玻璃住宅根本不是一幢住宅——那不是一种掩蔽体，它没有任何洞穴，它是冷冰冰的，不能给你舒适感；它是一个方盒子。又有一次他曾说，我的住宅是为猴子建的一个猴子笼。那之后的某一天他来到了我的住宅，大步走进来并说：“菲利浦，我应该摘掉我的帽子呢还是应该戴上呢？我是在室内呢，还是在室外？”

我不打算继续谈他的轶事。但我得声明，我的住宅是恰到好处的漂亮住宅，很适宜于居住。我愿列举一些有关他最近设计的一些住宅的评论：它们缺乏很多对生活很有价值的东西，它们完全没有优雅之感，缺乏明晰感；它们设计混乱，缺乏结构上的一贯性。他运用材料最为奇怪。他将把他现在很热衷的灰碴砌块与红木结合：屋顶和饰带全是红木，装饰全用铜。但住宅却是灰碴砌块，如果晚上在里面穿丝绸衣服，就会感到这种砌块很不舒服。

看看他的开放平面吧。当我还是大学生的时候就喜欢开放平面了。我能接受它。他在最近的住宅中把平面开放得过份了，以致业主不得不撇开他，自己在起居室和卧室之间加了一道墙，因为孩子们在早上总闹醒他们。因此可以说，所有这些都是很糟糕的。

我从未讲过切关于莱特最糟糕的事情是，他实际上只是十九世纪最伟大的建筑师。如果你往回想，我这是一种赞美之词，而我们所谈到的那些住宅却是近来的作品。往回想，例如回到1900年他的伟大的“河边俱乐部”:那是既具有明晰性又有幽默感的，整个工程只用了一种材料。宏伟的、复盖性的、单屋脊的屋面形成了他的象征，那是特别庄严的，其结构又十分明晰。再则，我为莱特的谈话而相当生气。他以十分不寻常的方式运用词汇。例如，他是这样来谈论城市的:“城市是吸血鬼，靠消耗农村及小镇的血过活，使人性消失。”他又说，摩天楼是“软体动物”.这可是很精彩的无聊话，纯粹是十九世纪的无聊话——“软体动物建了起来以剥削大街上的行人。”

他可以有他的见解。惠特曼（**Whitman**）就有过这类见解；索罗（**Thoreau**)也有过这类见解。美国倒有个憎恶城市的好传统。但是，按照他这些话，我不懂为什么他又打算，如果可能的话在芝加哥建一幢世界上最高、最大并且最反人性的靡天楼呢？（可幸的是，他没能这样做。

使我很讨厌的，还有他对历史书和对在他以前的一切建筑的轻蔑。他是从宙斯头脑里一生下来就充满鲜花因而是从未有过、将来也不会有的唯一了建筑师吗？我还发现，我们这位活着的最伟大的建筑师用一种不严肃的方法来谈论米开朗基罗；耳特认为米氏之建设圣·彼得大教堂的穹顶是铸成了过去任何建筑师都不曾有过的大错。

还有更糟的是他对后辈们的轻蔑。这一点最使我们这些或老或少的建筑师们伤感情。他确信在他之后将没有什么建筑师可言了。你们是否听到过他谈论他自己的学生们，即那些在东、西塔里埃森的垃圾堆上年复一年地汗流满面的可怜孩子们呢?你们参观过那个地方没有?住在那里埃的赞赏他的建筑的人们,我一个也不另眼相看,但莱特却把他们当奴隶对待。

我并不认为谁能否定他的地位。但我怀疑，我们是否恰当地认识到我们究竟从莱特那里学到了什么，我的意思自然是指我们的工作中从早期的莱特那里学到了什么。我也怀疑，我们是否认识到他从1900年至1910年单枪匹马并未能改变建筑的进程，而本来那是应该办到的事情。不要忘记，正是他使屋顶、墙、护壁和地面全都互相独立——即独立的设计构件。

但这里有一条裂缝我仍然想指出来。这事发生在1923年的建筑革命之中，那就是很大程度上建立在莱特自己作品基础之上的国际化趋势。当然，我是指先驱者们如格罗皮乌斯、柯柯布西埃和密斯，他我在第一次世界大战之后独立地形成了一种设计，并逐步使之蔓延至整个西方世界。那在相当的程度上是综合了莱特的东西。构件是莱特式的,但多了某些东西:他们比莱特过去和现在所做的都更加重视结构构件。

莱特先生对于他的房子是如何搭起来的很不在意。但也许他成竹在胸。我们谁也不敢(包括他的赞扬者们）像他那样漫不经心地建一幢房子。幸运的是,他的外甥是个很好的工程师,可以随时去介看这些房子中是否在木头中加了足够的钢筋以保证悬挑部分不致下垂太多——但仍然有些下垂。

然而莱特对此毫不在在意。从1923年过来的年轻一些的人，都不是这样的。当然，密斯是个极端,他坚持结构是建筑的成分,是建筑之本质，因此在框架范围内（对密斯来说就是钢框架，因为那是最为美国式的材料）对构件的安排，就是建筑学的一切之所在。他极力反对莱特的浪漫主义，我认为这对我们大家都有影响。就在这里，在美国的西北部这种影响也是有的，虽然莱特的影响在这里比在美国其他任何地方都要大。

在此美国建筑师协会成立100 周年之际，我们究竟站在什么地方呢？我们正处于历史上最伟大的建筑时代之开端。一切都在为此而努力。在较短的时间内,我们建了世界上从未有过的那么多建筑、那么多平方英尺。在如此短促的时间里，我们有了比任何时期、任何文化都要多的钱财。我们当然也有着众多的建筑师。

那么，我们是否因此掌握了大家都可以从历史书上读到的那些原则呢？我们真的相信，现在正是设计泰基·玛哈尔陵、帕特农神庙和夏特尔教堂这样一些建筑之时吗？我不认为有谁觉得我们是生活在这种时期；但我们所缺乏的，究竟是何种因素呢？

缺乏的只有一个，那就是在我们的文化中，没有进行建筑活动的意愿。在我们的文化中，没有确认建筑的重大意义的欲望。

我看这是有点毛病。毛病究竟出在什么地方呢？我认为应该受到责备的不是我们，而是那些商业组织。我们对花钱并不在乎，但我们却为不能用美元和美分来衡量的东西——美观建立美元的价值观，这正是我们生活在其中的文化之羞辱。我们大量的公司业主们和政府业主们，对美观可说无所作为。

人们时而怀疑，是否建筑师真有必要。因为经济的原因，看看情况究竟如何。你如果建一座学校，董校事会关心的将是："平均每个学生多少钱？平均每平方英尺多少钱？平均每个学生多少面积？"你花费时间所做的是什么呢？是削减造价还是建造美观的校舍？现在，情况已经发展到这样：如果你建一幢宗教建筑，他们将会说："平均每座多少钱？"也许还可以这么问：多少钱一平方灵魂？

我们可能（作为建筑师本不该应）正在受周围世界的某些观点的影响。我们不能作象牙之塔的艺术家。如果我们的设计不受欢迎，那是不能坐视不管的。我们不得不继续建造。之所以如此，是因为我们有事务所，有孩子。

你们是否认为，我们的专业也应该像做生意一样？我们应该像律师们开办事务所那样办，而不能像艺术家开办事务所那样办。麦金、米德和怀特（**Mc Kim, Mead & White**）都已经去逝了，但他们的那个大的事务所仍然存在，因为其中包涵了价值，只要一写上斯坦福·怀特的名字就会有一种美元和美分的价值——这是十分奇怪的，世界上只有美国能发生这样的事；这也是这种事居然得以发生的唯一的一种文明。

现在，确有一些建筑师宁可饿死也不去管那一套。

例如费城就有像路容斯·康这样的人，最近出版的《竖琴师》杂志写道：如果费城有一个天才的话，他就是路易斯·康。从二次世界大战以来，他已在那里建了一幢建筑。还有像俄克拉荷马州的布鲁斯·戈夫（**Bruce Goff**）这样的人，像亚力克山大·吉拉德（**Alexander Girard**）这样的人——对啦，他并未获得建筑方面的学位，还我并不以为这有多大关系。我认为如何恰到好处地塑造空间才是重要的。也许你们已经看到了他在新墨西哥的圣塔·非他自己家里所用的那些极动人的颜色。的确，那是他完成的唯一作品，但这并不意味着他不是个伟大的建筑师。——好啦，我们不用"建筑师"这个词，就叫他"空间的塑造者"吧（**a shaper of space**）。

归根到底，我们究竟是干什么的？有人会纳闷：作为一个建筑师，其目的究竟何在？那当然并不是只为了混口肥吃，因为还有别的很多路子才能做到这点，并且更为容易，更能挣钱。

但我想以开头时提到的同一个人来结束我的话：一个从不停顿的人？一个伟大的美国人，也许我们一面赞扬他，同时又像我一样不喜欢他——这就是弗兰克·劳埃德·莱特。他为自己而创造空间，却对别的任何事情都毫不在乎。

你们到过亚利桑那州的塔里埃森没有？我想那是你们负担得起的一种经历，而且我希望你们在莱特去逝以前到那里去。他已经88岁了；他是空前的光辉、脾气不好和高尚。但当他去逝之时，他的精神也将离开那个地方。

他在塔里埃森发展了一种手法，我敢说我们没有人能够与他相提并论：那就是奥妙的空间安排。我称之为建筑的神圣方面，即空间的展开进程。对此我愿意简单介绍一下。

你从凤凰城驱车北上，大约20英里开外驶上一条多尘的沙漠道路，此时好像你说不清为什么到这里来，因为这里热得可怕。然后你驶向稍高一点的地方；最后你转到一段尘土特别大的、极脏的、维护得极差的道路。那里有一块小牌子，上写“**F. L. W.**”。

汽车停在一块帐篷和石头密集的地方，那里有一段矮墙。当你去过那里回来之后你才会意识到，莱特是把停车地点拉出来，离他的地方很远很远。我应向你们及我自己提醒这一点，因为汽车当然是建筑的死敌之一；它不合比例，形成噪声，也不能使视觉感到愉快。你也不能从一种坐着的姿势来观察建筑，这种观察应该使用你两只脚的肌肉来实现。

现在，莱特使得你要走大约150英尺的路，直到靠近他的建筑群。你们想必都看过该建筑的平面很多次了，但我相信你们不会比我在去那里以前对该平面了解的更多。

当你往前走的时候，他使你在一个缓坡上开始出发，群山在你的左边，这样你上走的第一段台阶是在离开这一建筑群而不是走进它。看看他是如何把握了你们的眼睛并使你跟着他转的：你往这边走下这段台阶，但建筑群却在那边。

然后，台阶正好转了一个角度，使你处于两段矮墙中间，现在道路窄了很多。你会有这样的感觉，即你对这组建筑的观感一直在变化之中。

你再一转，走过他的办公室，再上四步台阶就可通过一块大石头，其上刻有印第安人的象形文字。视线内看不见门，但见帐篷式的屋顶建于石头基座之上，可是没有门。视线内没有别的东西，你不禁开始纳闷。

然后，一条小道引导你走下一长段路，大约200英尺吧，帐篷式房间在你的右边，群山则在你的左边。

你开始纳闷：当你走过右边的帐篷式房间时，是怎么回事，你上边的建筑在头顶上伸延过去。但视线为两根大扶壁柱分开了，你再通过一个六英尺高的、伸出于西塔里埃森大平台之上的黑房间（一种巧技），豁然一见：巨大的“船头”伸出于群山之上。

你现在是在一直往上走，但却一点不觉得，因为你根本没有往回看。但当你通过那个黑暗的洞口向沙漠看出去的时候，你才突然意识到你已经走了90英里的上坡路了。台阶再次开始弯曲、波折。你走下三步、再下三步，就来到了大沙漠的前沿之上了。莱特称其为他的“沙漠之船”。这就是莱特披着斗篷、露出紫色的头发站在那里通常欢迎你的地方。你会说：“现在我终于来到了这个奇异的地方了”。

但这只是刚刚开始你的行程。然后他引导你通过一段混凝土巷道，转了三道弯之后你就被领进我们国家最使人兴奋的房间。这简直无法描述，你只能说，由于所有的光线都来自上方的帐篷，因而充足而柔和。当他打开几片帐篷盖片时，你这才开始全神贯注于这个房间，这时你才真正感到吃惊。你往外看，但不要向沙漠看去，这样就会看到莱特在这一房间后面所建的隐蔽的私人小花园，在这里水在欢流，和沙漠中的任何水都不一样；在这里植物长得有20英尺高，还有一片草地，就像你们在新英格兰看到的那样。

到这时你也许会说：“现在我可看到了我之所以到塔里埃森来所要想看的东西了”，但是你还没有看到。莱特使你再转一个弯，又再转两个弯。这时候，你到了一个只有18英寸宽的门边，你不得不侧着身子过去。这里完全是个内部房间，既无沙漠，也无庭园。一面墙是树木。真的，你不能透过这些树木看到什么，但光线却能透过密林射入房间。还有一束光线从12或者14英尺的高处射下来（这个房间很高）。房间尺寸为21×14英尺，全是石头所建。一边是通长的壁炉，另一边是一张桌子和两把椅子，那就是你要来到的地方。你和莱特一起坐下，他说："欢迎你到塔里森林来。"

我的朋友，这就是建筑之精髓所在。

6. 从“国际式”退到目前的状态

（1958年5月9日在耶鲁大学的演讲）

看一看30年前与今天的不同，再想想30年后的情形将会如何，这是个十分有趣的问题。我们的老一辈已告一段落，他们之中如柯布西埃及密斯现在都已年逾古稀，而莱特则已将近九十高龄了。因此，今天我们必须考虑正在成长起来的一代——他们是否真能成长起来，我不敢断言，因为我自己也是其中之一。这次演讲颇觉为难，因为我一点也不想保持客观，我只想同我的同代人闲谈。当然，按照我们愚蠢的道德规范，一个建筑师不能被允许对其同行说长论短。因此我将循此而为，试试看，但无疑你们将从我的口气中推测出我想的是什么。你们可以记下来，这不会影响你们自己的判断。我所要做的仅仅是给你们看些照片，然后你们自己去领会。

现在我想依次点出11个人的名字，并力求对每位的特点略加描绘。先从最老的一位布鲁尔（**Marcel Breuer**，旧译布劳耶）开始。（顺便说一下，我将按名字的字母顺序介绍，否则我就得先考虑谁在前最好；同时这样也使得**Johnson**正好排在中间，这倒不错）。布鲁尔是个手法主义者，一个乡下佬似的手法主义者（**Peasant mannerist**）。他不喜欢这种称呼，但有人将继续这样称呼。下一个“**B**”是邦沙夫特（**Gordon Bunshaft**），他是世界上最大的设计公司**S O M**的总设计师。当然，他是一个学究气的密斯派，纯粹而简单。接下来是戈夫（**Bruce Goff**），他是个浪漫的莱特派。下面就该轮到约翰逊了（**Philip Johnson**），好啦，我们不去谈论“他”吧，我想“他”是个古典主义者——结构古典主义者，如果你愿意这么称呼的话，因为我们总得起个名吧。下一个该是路易斯·康，他是个新功能主义者，受到了极大的尊敬，我们稍后将从他的作品中看出这点。接下来是基斯勒（**Frederick Kiesler**），他是近代的尼奥拉多（**Leonardo**，指达·芬奇——译注）；我指的是他在一幢房子上既干绘画，又干雕塑，同时也作建筑设计。下面是诺维基（**Matthew Nowicki**），现已去逝；他曾是波形屋顶的先驱。再接下来就是鲁道夫，他将结构装饰、美化，故是个装饰性结构主义者。再往下就是爱罗·沙里宁，他是个头面人物，也是波形屋面的第二号人物。在纽黑文城中，你们对他的作品是很熟悉的（他为纽黑文的耶鲁大学设计了宿舍及著名的冰球馆等多幢建筑——译注）。最后是爱德华·斯东（**Ed Stone**），他是个屏风装饰家——即用某种方式将装饰性的花格屏风挂在他的建筑物外面，故是个以屏风为手段的装饰家。

让我们回过来，重头开始放幻灯片。首先是他们中最伟大的一位柯布西埃，他已届72岁高龄了。在布鲁塞尔的菲利浦斯展览建筑中，他正在采用双曲抛物面，以设计出漂亮的建筑——我希望如此，因为我尚未见过。人们似乎对此没有多大印象，但它不会使你有沉重感。柯布想造成一种飘逸而上的感觉，就像哥特式时代的人们将东西往上提升一样。这里是由直线组成的曲面，我希望你们能同该建筑一起升空。

自从国际式结束以来，大量的新事物即大量的反叛，是被新的工程技术所鼓动的，柯布即其一例。我想，我们这一代的每个人都会为富勒（**Bucky Fuller**）、奈尔维（**Nervi**）及其他工程师的工作感到兴奋与惊奇。我们也为不一定非用梁柱体系及其框架结构以及直筒筒、四方方的形式这种想法感到鼓舞。我们对国际式的简单化已感到相当厌烦了。分野终于通过富勒的影响而降临。你们都知道，他在我国的一些大学演讲，一讲即达11个小时之久。现在，他设计了这些东西，这些空军的穹隆式测地站（他们将这些穹隆吊起来，运到北极地区安装）。他的确是位抽象的数学家，已经创造出了何等吸引人的形式，那些由三角形小面组成的空间结构形式。这些东西实在漂亮，却都是小玩意的放大。它们的直线和曲线的复杂构成，的确令人迷惑，叹为观止，但它们都还尚未成为建筑艺术。

再看看建筑味多一些的例子。在右边这个是奈尔维设计的米兰比勒利（**Pirelli**）大厦，而左边则是西格拉姆大厦。这两者能说明简单的、通常的规则，这是你们所能想象的最简单的高层建筑，当然它们是自承重的。高层建筑上的三角部份体系十分复杂，因为构件要在竖直构件之间穿来穿去。而这里奈尔维设计的则是一幢混凝土建筑，从下层、中层至顶层，混凝土越来越少，而斜向桁架则由该建筑的斜向部分所构成。很遗憾，这幢建筑是难看的。它为一个不太高明的建筑师所装修，但其平面形式我们大家都很喜欢。的确，奈尔维现在已成了我们最大的启示者，看看这张幻灯片，是他最早的飞机库之一，屋顶尚未盖上。转角处这些近乎葱形的曲线及薄片屋顶给你一种很舒服的感觉。你看看下边这个人就可得到尺度感。这个奇妙的空间框架，使我们极感兴奋。麻烦的是，你不可能将这一技术成就搬用到多层建筑上去，因为你无法在双曲抛物面上行走。这是另一个类似的例子，这就是为什么我在最近一次会见奈尔维时是鲊到的、并且已被引述了的话——我称他为“天花装饰家”；然而实际上他是远远高出一筹的。他是一个真正的、能以其形式来启发我们的人。

奈尔维设计的巴黎联合国教科文大厦大会议厅，是由布鲁尔作建筑设计的。这是一个折叠形屋顶，并延伸而成折叠形的墙面，用了最少量的混凝土以达到最大限度的强度来支承屋顶。可以看出，波浪形表现了屋顶桁架的实际走向。这个厅里外同是一样的素混凝土，然而却是我们时代最漂亮的会议场所。它显示了大家都在着迷寻求的、更有味道的形式的趋向。布鲁尔是鲍豪斯的产物之一，他设计了弹簧椅之类在我们的词汇中永远站住了脚跟的东西，这些甚至是在他二十岁以前就成就了的。虽然他比其他人年轻得多，但他无疑曾是国际式的领导人物之一；他先在中欧，接着在瑞士，后来又在英国，而现在却在这个国家。这是他在苏黎士**Doldertal**的住宅，我举这一例子是想说明他是怎样从三十年代十分严格的柯布西埃式国际式转向了他现在正在同奈尔维一起设计的东西，以及转向了现在正在作的一些小作品。我未找到他的住宅的好幻灯片，但如果你们到纽坎南去，你将看到他的两幢住宅，并且也能了解我所说的“乡巴佬气”和手法主义的含义是什么。他喜欢康州的毛石，喜欢用普通的地面作法来作天花。就是说我们通常用作地面的东西，他却用来作天花。我并不是反对他这样作，而是说明他追求更多的兴趣的欲望。例如他用了一些暴露的石头；上层平面涂以浅兰，而下层则是大红。他喜欢“拧着干”，像这个普通的国际式的烟囱，他在上面戳洞，纯粹是乡巴佬的胡闹；然而这也正是他富于表现力的组成部分。正如当布鲁尔获得了装饰纽黑文火车站室内的任务之时某个人所说的那样：“你怎么能在火车上用橡皮墙呢？”好啦，这好象是我在对这些人持批评态度，其实大为不然。只不过我正好从另一面把我的作品搞得有些古典意味、笨拙和冷莫；但这并不意味着别人不应该——恰恰相反倒是应该作些东西使我们大家都温暖起来；这正是布鲁尔所做的。例如这个刚刚完工的鹿特丹**De Bijenkorf**大百货公司，为取得装饰效果，布氏在一个立面上用了方形石料，而相邻立面却用了六边形石料。

接着来看看我们的第二个学究气的密斯派邦沙夫特，其作品是典型的S O M式。这是康州人寿保险总公司大厦，你们也许都已见过。看看这些窗户的比例，下半部分为两格，这是密斯在伊利诺理工学院建筑中的老手法。当然，邦沙夫特有大量的钱和材料可以摆弄，这是密斯所未曾其过的。因此，这里的所有构件都是优美的不锈钢而非油漆铁件。另一幢建筑大约是同纽约的西格拉姆大厦同时建成的，那就是芝加哥的内陆钢铁公司大楼。这纯然是一幢没有出挑的H型钢构件的西格拉姆式大厦，但为了使内部空间布置灵活，他将柱子布置在外面，这样隔墙就不必伸进大柱子中去了。高层建筑的另一问题是电梯。邦沙夫特将那些电梯井放在外边，给人以两幢建筑之感。它们当然尺度很大，恰如一些柱子将一个庞大建筑承托了起来。

现在来看莱特派的戈夫。他建了预制构件半圆形活动房屋单元体，他是个喜欢将东西摞起来的莱特派，同时也喜欢在住宅周围平放一些东西，犹如四分之一个半圆形活动房屋。看看伊利诺州的这一所谓“煤屋”的剖面能使你们更好地了解他是如何作出这个东西来的。这儿是阳台，你可以站在这里俯瞰人群，此时你可得到一种特别的空间感。戈夫建成的房子很少，我没找到他后期作品的照片。他的办公室已经搬到小镇巴内斯维尔的普雷斯大楼里（我想那一定是很得体的），他在那里想对建筑进行革命。哦，他也许能。但我不喜欢这类废话。

现在轮到了哈里森（**Wallace Harrison**），他是当代的符号表现主义者（**symbolic expressionist**），他当然也是来自“国际式”。当柯布西埃返回欧洲之后，他完成了联合国总部大厦。再看，这是他的匹兹堡**Alcoa**大厦，他在其中发展了一种十分有趣的方法，将铝板挤压成型而取得坚硬感。这是一幢天际线令人惊异的建筑，也是高层建筑合乎逻辑的恰当途径。这张幻灯片是俄亥俄州奥柏林学院的剧院，其中的开放式喇叭口是一种新发明；作为背景的波形幕是为了露天表演之用。但他的最近作品中最使人感兴趣的是斯坦福大学的小教堂，即你们也许已在《时代》杂志上见到的那个教堂，其形状宛如一条鱼。这倒不是国际式，他在设计的时候很喜欢把作为基督教最早的象征的鱼作为符号的想法。从希腊最原始的词汇“耶苏，上帝之子，救世主”而构成了“**fish**”一词，因而他把整个教堂设计成鱼形。屋顶全部以石板瓦覆盖直到地面，其难点在于如何在倾斜的墙面上开门。我总感到，这好似一条鲸鱼不知怎地背脊断了，而遗憾的是他却将主入口置于尾鳍的折断部分。我还要让你们看看查特斯教堂，因为其玻璃是我这一辈子从未见过的最漂亮的玻璃。在该教堂的阴影中，有一个制作这种一英寸厚的特种玻璃的作坊，由此而完成了现代教堂中最漂亮的室内光线设计。其高度差不多有60英尺，但因墙面互靠而成为帐篷形，空间大为减少。我们大家都已习惯于对刻板的结构的简单否定，相形之下这幢建筑已作得很完美了。

我这里选了一张密斯作品的幻灯片，因为这与我在同一时期所建的住宅有些关系。自然，我早期的作品是非常密斯式的，我对此颇感自豪。我已被称为密斯·凡·德·约翰逊——这一点也不使我感到难堪。在我看来，如果我们这一代人要站在某人的肩上前进的话，我们最好选择最伟大的人物开始。请看这是密斯在芝加哥近郊所盖之凡斯沃斯住宅（**Farnsworth**），它浮在一片有时被淹的平原之上。看看这里，密斯对连接结构的爱好，他沉着地处理比例关系的手法，都从这张幻灯片中表现出来了。这一住宅全是玻璃的，唯一的墙体是内隔断，这在我自己的住宅里也是一样的。他的是白色，我的是黑色。其前部的台阶很有古典意味，你们已熟知，这种基座是密斯作品的特色。

再看看我自己的住宅。我不认为这是仿效密斯，因为它是颇为不同的。但它也同样是全玻璃住宅。中间的心是浴室和烟囱，厨房在你们的左边，卧室在右边（见作品 1）。除了圆烟囱也许使密斯讨厌之外，其余全是纯粹的国际式。烟囱用地板同样材料作成，并不将平面分割开。这样一个大实块的东西，并不是好的风格。

这是我的切斯特港以色列犹太教堂，这与哈里森的作品大为不同。这仍然属于纯粹的国际式，其装饰性的天花沿窄缝下垂借以采光（见作品21）由于侧壁较深，因而光线不会眩入人眼。路易斯·康特别讨厌这个天花，而我却不喜欢康的作品中的某些东西。事情往往就是如此。

这是我最近的作品孟森——威廉斯·普洛斯托学会博物馆，（见作品 6),现在正建于纽约州的犹迪卡。这些巨大的混凝土条形构件承托了建筑。一层地面是上釉的，管子悬浮，颇有一些国际式味道。但这些大梁在以前是从未用过的。

下面就来看我们最欣赏的人物路易斯·康，他是我们天空的明星之一。过去，当他设计这里（指耶鲁大学——译注）的博物馆时，还是纯粹的国际式，没有任何连接。街道另一面的比例更优美，做得也很认真。正如所有的国际式建筑一样，它当然有某种乏味感，这是国际式本身存在的问题。他不得不把老房子的楼板搬用到这里来；我也经常碰到这种麻烦，这是难以超越的。还有一个麻烦，就是当盖这一建筑之时，并未安装空调系统，而现在正在改装。

不管怎样，在这幢建筑之后，路易斯·康把握了他自己，并且作了他一直想作的事，那就是我们现在要看的最激动人心的建筑之一：宾夕法尼亚大学理查德医学研究大楼。它显示出康的新功能主义的最佳成果。即：他感到应将该建筑分成几部分，并使每部分各自得以表现。这是三个实验室塔体，其中心则可为任何部分。这些是通风器（稍后你们可从模型上看到),还有楼梯。按照费城的法规，他不得不将它们设计成方形，但你们可以看出来，他是很想设计成圆形的。每一部分所表现的都有所不同——出来，分离，甚至回过去，都是为了表现这一部分不是那一部分。路易斯甚至走得更远：有一些空调管道要从建筑物一边引到另一边，工程师说:“好吧，我们可以按对角线通过去。”而路易斯则说:“不，如果人按照哪种路线走过去，那么楼板下的空调管道也应该按这一路线通过去，即令你看不见也应如此。”这是一种十分昂贵的美学逻辑，但相当不错，因为这表示了他坚定的意愿；他的建筑外观清晰地表现了每个部分，就是这种意愿的显示。

（以下从略）

7. 往何处去——非密斯派方向

（1959年2月5日在耶鲁大学举办的约翰逊个人作品展开幕式上的讲话）

我不喜欢我的展览会的题目。学校某些人认为，称其为“非密斯派”是对的。但我曾是个空前的密斯派。要叫作“非密斯派”这一事实本身就说明了密斯的强大影响。把新出版的这期《建筑评论》中那些将要建成的建筑的小照片串起来比较，可以看出只有一件是受莱特派影响的，其他全是密斯式。换句话说，密斯至今仍是那样的杰出，你要嘛是支持他，要嘛是反对他，或者在其下，或者在其上，甚至如果你办得到，就站在他的双肩之上。我现在的立场是竭力地“反密斯式”的（anti-Miesian）。我想，这是世界上最自然的事情，恰如我并不十分喜欢我父亲一样。这是完全可以理解的。在这种变化的时代里，你必须依从自己的本能以便尽力发挥你那可怜的小我。在你们都已听过的那盘录音上，密斯对此说得很好，“与其求新，不如求好。”我认为我们这些人并不都那样伟大；我们都有我们的“小我”，并且都想竭力去表现它们。我认为这就是正在发生的事情。

今晚，我想谈谈我为什么按我自己那样去做，我又遵循何种方向？我正好带着关于这次展览的通知，你们稍后有空时不妨一读。这是一篇很重要的宣言，我把它印得很多。在二十年代，大家都热衷于搞宣言，但我这个并不是有关一种运动的宣言，它只是一种个人的表白。按鲁道夫刚才在开场白中的说法，就是一种疑虑。但我不认为我疑虑什么，不过既然他这么说了，也许是那么回事吧。

我总是荣幸地被称为“密斯·凡·德·约翰逊”。在建筑历史上，年轻人理解、甚至模仿老一辈伟大天才的事总是很自然的。密斯正是这样一个天才。但我也在变老了，这倒不是要大家尊敬我，没这个意思。我的这一片面的展览并不能公平地反映我的全部工作，但对耶鲁的大学生来讲也许倒很觉新鲜。我的方向很清楚：传统主义（Traditionalism）。这并非复古，在我的作品中没有古典的法式，没有哥特式的尖叶饰。我试图从整个历史上去挑拣出我所喜欢的东西。我们不能不懂历史。然后将反映到从未见到过的那些未来的建筑上去。很难想象，如若没有（文艺复兴时期的）伯拉孟特（Bramante），就不会有我的无顶教堂；或者如若没有圣·彼得教堂，又怎能出现林肯中心带柱廊的方案？如此等等。我已经回到了用我自己的眼光观察事物的支路上，我的探求纯然是历史主义的，不是复古的而是折衷的，随着时间的推移你们可能看得更明白。我还想略为阐述一下这一强大潮流的背景。首先，没有思想背景而要设计建筑是不可能的。我的意思是，形式当然重要，但促使建筑师去怎么做的思想也是重要的。但对我这一代和你们这一代人来说，重要的是形式之革命——不是思想，要记住，而是形式。1923年发生了什么事情，它又为何能发生呢？为什么国际式得以崛起（我敢用这个词）？我想你们已听说过这种形式；它的确很是风行了一阵子，也许是从1923年到1959年；但为什么这一革命突然发生，又为什么那时所产生的形式又是那种样子呢？这是形式超越思想的最终效应。沙利文曾说，形式跟随功能。当然并非如此。形式跟随的是人们头脑中的思想，如果这些思想强大得足以表现出来的话。但是，引起革命的那些思想较之创造有着简练的信条、干净利落的结构及功能主义的国际式来，要容易得多，无论从结构技术上或从社会意义上都是如此。概而言之就是，一幢建筑必须建立在自身构件的结构明晰的基础之上。你们所见的周围这种风格的建筑，今天仍然属于较好的建筑之列。邦沙夫特及鲁道夫的建筑以及我的近期作品都是这种风格。你们对于这种风格都能辨认出来，自从希契柯克和我在25年前写了那本《国际式》的书以来，这已不是新鲜事了。但今晚我想再回过头去，回到建立这一运动的那些人的思想上去。密斯当然是1923年著名的伟大领袖人物之一——这些人物包括密斯、格罗皮乌斯、奥德（**Oud**）、凡·杜斯伯格（**Van Doesburg**）、马勒维奇（**Malevitch**）等人。

他们有从历史上更早的时期得来的思想，最终转变成了形式。也许你们在这样一所著名的大学里全都受过历史的影响：维俄雷勒丢克或者拉斯金（**Ruskin**），他们感受到结构表现的强大心理作用，喜欢他们称之为表现了真实性的哥特式，对希腊简洁的柱式的偏爱超过了罗马形式，清教徒式的拘谨对十九世纪建筑的反作用，这在1923年来说，已经是历史上非常古老的事情了。建筑与心理、道德有关，对石头和钢材的处理、运用有错误和正确的办法，这种思想已有了历史性的回复；有趣的是这种情况直到1923年才出现。真的，有时我想，戈热（**Goethe**）才是现代建筑的奠基人，虽然他主张的形式在一百年后才出现。在他有名的“壁柱是一种谎言”这句话中，你们可以看出他反对希腊建筑之后所发生的一切这种不满情绪。他认为一根壁柱仅仅是从墙上凸出来的东西，之所以这样作是为了使人看起来像根柱子，但又不起柱子的作用，因此那是不诚实的，也就不能算作伟大的建筑。随着钢和水泥、日本的版画和绘画的发现，这种思想路子的确是落后的了。当然我们不能忽视其他形成国际式的伟大主题。

什么是进行这场革命的人们的精神气质呢？它又是如何造就的呢？好啦，我们现在已处在历史的另一尽端，我们对于这场革命所引起的变化更感兴趣：它导致了二十年代那些伟大作品，导致了密斯的伟大作品。一个人的“**Weltanschauung**”（德文“世界观”）是什么，真是毫无形迹。我的意思是，他可以相信妖魔，相信上帝，或者相信海怪而同时又能设计出好的建筑物来。但当整个一代人继承了（如我们都已经作的那样，鲁道夫也是如此，尽管他年轻）这些清晰性、简洁性以及表现结构的原则之时，那就是一种全面的发展了。

在这一伦理范围之内，我们都有个人的不同之处，但我们都能辨别是非，有道德。以路易斯·康为例，你们也许会说康对现代建筑的解释与密斯有所不同，但其精神实质是一样的。我的工程师告诉我，当他在一幢建筑下边铺设管道时，最容易的走向是在地下斜穿而过，从一角到另一角；但康却希望管道在走廊下边走，他将管道沿走廊而设，因此多花了几千美元。这是出自一种精神原则，即空调管道工程应该沿人走的路线布置。再看康对结构的态度，即他的三角形。现在，结构的三角化当然是一种优良的实践原则。我们在西格拉姆大厦中就是如此，那时我们不得不将上千吨混凝土浇灌于我们并不特别需要它们的地方以加强侧向的稳定性。路易斯·康运用这一原则，创造出一种诗意般的幻想曲；但其态度仍然是一种道德精神，就像密斯的“少就是多”的理论那样——尽管“多就是多”是显而易见的事。我们不必去讨论这点，但是，密斯之认为越少越好这一事实，却是十分强烈的精神思路，使他的所有思想和作品都带上了这种色彩。当然，在需要之时他也会摆脱他的原则。有一次，我问他一个很愚蠢的问题，就像学生发问一般，我说：“当真，难道不是这样吗？如果一根大梁这样搁，而横梁正交搭在其上，那么大梁就得比横梁要大，难道不是吗?”“对”。“那么，密斯·凡·德·罗先生，在您的挑口饰上，为什么大梁的厚度显得和横梁是一样的呢？它应该厚一些，因为它荷载更重。”他说:“别那么抠字眼。”他从不担心那样的事。实际上，他的理论要比这些深刻得多。

再看看保罗·鲁道夫，他现在的所有建筑都作成方盒子，我特别指的是正在施工的沙拉索塔（**Sarasota**)中学。我建议，耶鲁所有的人明年都应该到那里去看看，因为那些强烈的阴影将是自从费城的法勒斯大厦以来我们未曾见过的。我不认为自1870年以来这里有过如此强烈的东西。有趣的是，这些看来似乎是随心所欲的外形，实则是与结构有关的。这些屋顶形式形成了这样的横梁，正如他毫不怀疑地向你们解释过一百遍那样。我有时想，它们并非出于结构；我不能肯定，但这不要紧，主要在于它们是与结构有关的；对密斯来说，结构仍然是一个分界点。结构、明晰性、清楚的规划对你们的设计大有助益。这些都能促使你们的创造之泉畅流不息。但今天，这种信念正在变得淡薄起来。

“明晰性、简洁性、逻辑性和真实性是最好的原则，这些‘美德’将使你无往而不胜”，这种思想现在已在很多方面走下坡路了。而建筑之外的别的领域也是如此，例如存在主义（**existentialism**)的出现，它那断然割裂基督教与无神论的高贵哲学思想，已经使我们的某些最珍贵的价值观发生了变化。存在主义者对生活的基本设想也是混合型的，对于“垮掉了的一代”(**the beat generation**)就同禅宗（**Zen**）相混合（他们告诉我，我生就是一个禅宗；因为我对此一无所知，故而最容易相信这一套，你们看看!)但禅宗的主要之点是0，你不必到任何地方去:生活没有目的,没有更高的要求。你尽管去作你愿意作的事；那倒是很正确的，只管往前走好了。老式清教主义的消失，是令人耳目为之一新的。在建筑领域，这种态度导致了鲁道夫称之为“怀疑”的东西。而怀疑（**doubts**）又能导致伟大的基本原理。那么，这就引出如下的问题:“往何处去?”你将抓住何种把手?这在我作学生的时代是容易的。前几代人对此都觉得简单，因为衡量标准就是很简单的：如果一个入口摆得不正，那是很容易再摆一下的,因为基本的构思很明晰。我们很容易根据书本上的规则来批评那些拟建的“国际式”的东西，我自已在一些评选委员会里就曾这样作过。这样作很简单；但当你要创造新东西的时候，问题就不会那么简单了。

今晚我只想给你们放一些我的幻灯片以说明新的潮流是什么，而国际式和清教徒式的“**Weltanschauung**”（世界观）对此是很难应付的。这就是说，当今有很多问题是简单化所无法解决的。我现在完全是从建筑角度来谈论问题。你们已经同本世纪初期的那种思想束缚分道扬镳了。我的特别答案是，历史将回答一切问题；这将会遭到别人的怀疑，但我觉得那也无妨。我倒认为有些障眼物也不错，那样你就只看你将奔去的方向。我还从未听说过哪位建筑师是心胸广阔的，因为那就意味着浅薄，但你不能在没有把握的情况下作设计。我不知道今天在座的有多少穆斯林，但我确信，真理将有所助益，就像它有助于一个马克思主义者或者存在主义者那样。我不认为它会厚此薄彼。我的爱好是历史。我从过去任何时间、任何地点挑拣我所喜欢的任何东西。要是我手边没有历史，我就不能进行设计。也许你们之中有人不愿那样作，那也无妨，但我建议可将它作为行将在我们周围崩溃成为废墟的“国际式”之代替物。历史是一种广阔的、有用的教养。

例如，在这方面有趣的、高明的实验是西格拉姆大厦，这是密斯按其“少就是多”的哲理设想出来的，是个具有梁柱结构的明晰性的、简洁的设计。但我根本不这样来看待这一建筑。按照我的看法，它就是另一回事。它是一个辛克尔式的古典设计的实验，例如其转角就是如此，请注意就转角与其他5英寸宽的窗棂的关系而言，那是显得何等粗重。还有玻璃顶部格调的变化：窗棂一直往上达于屋顶，玻璃更变为无数条线性格栅，这是何等的巧妙。每一条细线都是密斯亲自画的，因为他知道檐口是这幢建筑最重要的部分。这就是介入了实际行动的老历史学家。我不知道密斯对此是何等认真，也不知道我明白了多少，这都不要紧。我只是想，一幢建筑之成功使人颇感愉快，虽然你可以从不同的很多方面去看待它。温克尔曼（**Winckelmann**）和戈热看待帕特农是一种方式，而我则是另一种方式，我认为它很高明——哦，我不打算在此深谈帕特农，因为讨论现代建筑也已经够麻烦的了。但密斯和我在讨论什么才是好的历史问题上意见相左。他认为伯拉格是个伟大的建筑师，而我则认为理查森（**H·Richardson**）才是。好啦，这种问题是无所谓的。总之，密斯是个伟大的建筑师，他认为伯拉格是一位了解砖砌工程特性的伟大人物。噢，密斯当然也十分了解这种特性，如果他是从伯拉格那里学来的话，那可是青出于蓝了。你们再看看西格拉姆的檐口，看看西格拉姆的基础部分。你们看见过比这一基座作得更认真的吗？三步台阶——不是四步，也不是两步或五步，而是三步；孟福特（**Mumford**）很好地反映出这一点，他说："当我拾级而上来到西格拉姆广场之时，我感到似乎早已走过了一大段台阶了。"我说不清"少就是多"怎样在这里帮了密斯的忙；但无论如何，一个符合古典要求的基座作出来了。你们再看看曾使希腊人很难办的转角处理。希腊人不得不将柱子推进去并使之倾斜以便柱子能转过角去。然而密斯没有将西格拉姆的转角柱倾斜，但我却亲自见到他花了很多时间来决定那些转角的窗棂应该放在哪里。它们本来是放在哪里都可以的。你们将会注意到，柱子本身从下到上都显露了出来，这就造成从基础到大体量的主体之间的连续感。而那个转角（如同在所有的伟大建筑中那样）则是问题的基本所在。如果你不能很好处理转角问题，你就无法建成一座建筑。我认为这是简单的，但却是一种隐藏着艺术的艺术（**the art that conseals art**）。你们（或许包括他自己在内）认为这正是出于自然，就这么简单。但请听我说，那并不简单——"从我的历史观点来看"，我必须加上这句；因为它也许真是很简单的。也许正如密斯所说："真见鬼，让我们就盖任何一种老式建筑吧，"但我发现这些巧妙的发挥很难仅仅根据国际式来加以解释。

我必须说清楚，我的过去十分特别。我作评论家和历史学家的时间要比作建筑师的时间长得多。正如鲁道夫所客气地指出的那样，因为我35岁才开始搞建筑。因此，很自然我的历史观念就发展得过分了。我想我是正确的，否则我对此就不必为自己辨护。我看不出有任何理由在即将取国际式的废墟而代之的各种派别之间来一场"30年战争"。毕竟，如果不尊重西格拉姆大厦的经验，对你们年轻人来说要建一幢办公楼是很困难的。我很高兴，差不多从去年以来没人要求我设计办公楼。你们究竟应该从何处开始呢？今天我在教室里看见那些像纽黑文市政厅一样大小的建筑的设计，还带有鲁道夫式格调的很深的阴影的立面大样。那很好，但你们若将这些再叠高500英尺，那就会成为成堆的鸽子窝了。所以，这里有很多相关的因素使得你们回复到相当简单的垂直立面。如果你曾同工程师谈过一会，然后再考虑到纽约的街道都是直的这一事实，那么无论这样或那样，你们都不会从搞曲线立面开始。所以西格拉姆大厦将表现出强大的影响，因为这里有着按密斯式方式看待事物的某些东西，它特别适应于我们实际上进行建造的那种方式。这正是密斯着手之处。密斯已经将普通的建筑转换成了诗歌，而他的理论，正像理论所应该作到的那样，也能够运用于我国大约半数的工厂设计之中。随便说一下，设计一个工厂真是一件难事。我去年曾尝试过，其结果是它的造价将是根本不用设计就盖起来的三倍。不用说，我这个设计没有盖起来。换句话说，密斯所特别强调的经济确实是重要的。密斯将他的艺术建立在三者之上：经济、科学、技术；当然他是正确的。然而那正是我所厌烦的东西，我想我们大家都很厌烦。

我认为，真正衰落下去的东西，是我将要讨论的四件事情。在建筑的四个领域中，“国际式”清教徒式的宗教背景令我失望。这种失望促使我去对历史进行新的研究。第一是剧场；第二是立面；第三是宗教建筑；第四是广场。

关于剧场，我要过一会再说。第二，立面。甚至“国际式”对这个词都是讨厌的。鲁道夫说得好，鲍豪斯所干的最糟糕的事情就是贬低“立面”这个词。立面是你能看到的东西，它是建筑之重要部分。然而从思想上讲，过去30年来它却是被认为最不重要的东西。

我要谈的“国际式”对我们毫无助益的第三件事，就是宗教建筑。没有合适的简单的结构体系能给予我们感情上的满足。回头看看二十年代、三十年代以及四十年代，他们那时的思想与现在正在形成的思想是何等的不同，这种情况他们那时是始料不及的。

第四个领域，是广场。在“国际式”时期，你只管布置一幢干净利落地切割出来的建筑本身，孤零零地东一幢、西一幢，而不能像圣·彼得教堂和圣·马可广场那样将空间围合。以附属建筑群组形成建筑“房间”作为广场，这与我们所讨论的问题无关。看看住宅的发展吧。迄今为止，还没看见当局所主持的任何住宅发展项目是设有广场的——也许因为难以满足住宅的光照和空气的要求，它就得这么低标准。但实际上还没有到这种程度，主要还是思想上排斥将广场作为有机的空间，作为建筑之有机构成成分的缘故。

我拟以四组幻灯片来说明我们已经讨论过的这四件事情。（放幻灯片）

这是纽约林肯中心，说明“国际式”没能解决的第一和第四个问题。剧院是个特别古老的题目，我已经从古代一直追索到清教徒式的革命这一漫长的历史中得到了很多乐趣。我将从清教徒式的革命讲起，因为这颇有意思。这种革命在1923年以前很久就开始了；它开始于1850年的森珀（**Semper**），他反对皇宫剧院。林肯中心的纽约州立剧院就是这种宫廷剧院的改进。十八世纪的剧院很好！但在1850年，他们则认为这些剧院很糟糕，因为不能从包厢里看剧。你们至今也不能这样。可以想象，1850年有着新的秩序感的一代人出现了，他们提出了这样的带感情的问题："谁想设计一个使你看不到舞台的剧院？"其结果就是以拜鲁什（**Bayreuth**）和慕尼黑的剧场告终的一场运动。这两座剧场呈扇形，你们都已从书本上熟悉了它们；这种扇形没有挑台，状如一段薄饼。这些最早的革命者们完全忘却了，如果你坐在扇形的一个角落里，从感情上讲你也许犹如坐在家里一样。

再看二十年代及柯布西埃的剧院设计、格罗皮乌斯的剧院设计，还有密斯的，都是单坡的扇形房子。巴黎的**Salle Pleyel**剧院将视线设计进一步加以强调，并包括了声学的考虑。壳体（如在柯布的设计中）以巨大的曲线向舞台垂落，这是当时声学的伪科学造成的。他们将天花作成曲线，一直垂落至舞台前部的台口，这点你们都已知道了。我想，如果这个剧院像这样对你们躬身的话，你们或许也会离它远一点的。当你们必须通过这些愚笨的东西来看舞台时，我似乎是戴着有色眼镜来同你们谈话一样。但这正表明了在起作用的那种思想，那就是：科学能够给予我们鼓舞（即科学的拐棍）。

在剧院中，他们说我们已不必再去考虑皇家宫廷及皇家包厢了。的确如此，我们已不这样去考虑了。那么，他们又以什么东西来代替呢？那就是声学和视线。而致于作为引人入胜的空间的建筑艺术，他们什么也说不出来，也没有对你有所启发的结构巧技。唯一能给你一点帮助的就是记忆，即你在围合的剧院中的感觉是怎样的，显然，没有什么东西可以代替这一点。你还必须使用你的想象，但从你实际参观的建筑中所学到的东西是非常清楚的。要研究宫廷剧院在那一伟大时期即16至18世纪之所以如此的原因；他们直至整个19世纪都在建18世纪的剧院（纽约的老的大都会歌剧院就曾是一座18世纪剧院）。宫廷式剧院有可能盖得很小以便给予你一种亲切感。大幕是金色的，天花没有为声学而弯曲下来，整个空间简直叫人十分喜欢！这种传统是从到剧院去的人不多而且视线也几乎不看作有如社会活动那么重要的时候开始的。而现在，我们是如此这般地讲究科学，认为我们必须看到表演。当然，你不得不以某种方式让步。我已在纽约州立剧院中让了步。我曾尝试两方面都能作到：既能看好，又有亲切感。大片的座位布置使很多人着迷，但很明显，当你有了成片的座位布置及5个从你周围升起来的挑台之时，才能得到一种大厅的感觉。如果你坐在后边某个地方，你的确能看到舞台，但在你的周围及挤在台口附近的都是人；墙也似乎是用人铺砌的、盖上的，就像是以人为墙纸。在纽约，你可以看到在那些不这样作的剧院之中所发生的可悲事情：他们关闭了所有的包厢，把它们盖将起来。

在后边，你的视角比台口大得多，能看到不少侧墙。虽然坐在那里的人有时看不好（并非都看不好，有些人可以看好），但至少你会说“我处于一个美妙的环境之中，这里某种事情正在进行。”你有一种参与感；曲面的后部没有转角，不会使你感到不在剧院之中。而5个挑台可以在垂直方向尽量容纳观众。台口自然是一直往上与天花齐高，形成一个60英尺高的洞口。整整60英尺高还从未用过，世界上还没有哪个剧院高过40英尺的，但在台口之前吊挂了一个假的前罩，使你认为你正看到舞台上的某种东西有60英尺那么高。当然，那是骗人的；多数艺术难道不是如此吗？大幕拉起之前，你会说：“我的天，60英尺乘60英尺的表演即将开始”，然后你就把这事忘了，全神贯注于表演，而没有人意识到大幕仅仅升起30英尺高。我认为这就是你能够掌握剧院设计的唯一途径。

我说不准我在纽约州立剧院的外形设计上采用了何种历史先例。这个立面并非混凝土的；我希望，如果我们承受得起，它应该是花岗石的，那要比预制混凝土漂亮得多。但造价也是令人吃惊的，因此我们会有麻烦。我想在这里所要表现的，是具有花岗石般美观的混凝土的表现潜力，同时也能得到15英尺宽、60英尺高的开间所能给予你的那种尺度和进进出出的阴影感。你不可能从任何模型来理解尺度。80英尺比现代艺术博物馆还要高。我愿盖一个足尺模型来研究尺度，那正是密斯曾作过的：记得密斯于1912年在荷兰曾用帆布盖了一幢住宅。这就是你怎样来判断一幢建筑是否与环境相宜的办法：你可以用帆布将它们都模拟出来，但你必须做到15英尺宽、60英尺高那样的尺度。那将是一座玻璃墙，是金色的玻璃；在晚上你只能看进去而看不出来。它应是能发光的（就像模型在办公室里发光那样）。这种玻璃几乎不透光，因此在晚间从里面可以获得一种金色镜面的效果。而从外面，你可见到通过玻璃透出的星星点点的光线，但看得并不很清晰。

下一张幻灯片是两个立面：左边是费城的里顿豪斯广场一个叫曼（**Mann**）先生的住宅，当业主了解到其造价时，他没把它盖起来。右边一个则是未采纳的亚欧会馆的想象图。被采纳的方案现在已经建了一半，那是一个十足简单的国际式建筑。你们看，我们时而进步，时而退步。第一个方案是太昂贵，如果不像那样作就可节省十万美元左右。但我怀疑这是真正的原因；其实真正的原因恐怕是，我把这个方案给业主看，他却说：“菲利浦，这看来像座教堂，我不能盖。”你们看，对他来说现代建筑意味着“那个银行”。（所谓“那个银行”，是指在四十几街与第五大道交叉口的一座银行，纽约人以为那就代表着“现代”。）我这幢建筑着重在立面；其后没有任何东西。你可以先把它盖起来，以后什么时候你可以在后面盖点什么。我对实的基础、实的檐口以减少玻璃和强调窗棂很感兴趣。表面是预制的，片片相叠，呈圆形和曲线性。入口是曲线的。为使构图上在上部封顶，我像上世纪四、五十年代很多建筑师那样作。他们以铸铁的梁柱结构一直到顶层，然后以拱券封顶。这是一种十分灵活的收顶方式。如果在这些曲线后面有很多办公室的话，这有可能形成很有意思的房间。但这并不使我很感兴趣，因为走过前门的每十万人中只可能有两个人使用这些办公室。在我看来，阴影效果要比是否有圆弧顶的窗户重要得多。同时，那是一幢相当现代的建筑，我本拟以打碎了的杯子来饰面，就像盖蒂所做的那样，但那在纽约是不实际的，因此我们得用混凝土来作。

"曼住宅"是一种在街背面进行布置的设想，以便获得更多的立面塑性，并便于布置凉廊。我曾经并仍然对那顶部有薄的、正半圆壳体的厚重扶壁以及使正面的壁柱保持相对独立的青铜窗下墙很着迷。你可驱车直接通向后面的车库；设钢琴的起居间在二层上。与立面明显有关的考虑，是凉廊或者柱廊——一种自从古希腊以来就被忽略了的方法；也是一种单面的、有拱顶的正立面，可以很恰当地加在普通的建筑之上。无论你在其后布置什么建筑，所得的效果都没有太大的差别。重要的是，单面建筑适合于任何形式的拱廊或者游廊。请记住慕尼黑的**Feldherrnhalle**和佛罗伦萨的**Loggia dei Lanzi**，我对这两幢建筑很感兴趣。

下一张，是两幢正在建设中的建筑。其一是布朗大学电脑中心正面（仅仅是正面），这也许是现代的接近于宗教建筑的建筑类型。原应设置祀坛的地方现在却放着电脑。另一幢是托马斯·丁·华升纪念堂。拱廊完全是在建筑前面独立而建的，玻璃则安装于其后，有单独的框架，只是一个屏蔽。拱廊则是建筑前面的装饰品。但若不考虑阳光的作用，它看起来并不太好。你们到过南美没有？我主张你们都去看一看，就不会再担心遮阳的问题。它们一点也不起作用。你们在那些遮阳后面会感到是在监狱里一样。奥斯卡·尼迈耶是南美的著名建筑师之一，上次我去那里时他告诉我说，他已完成了他最后的作品。的确，自那以来他没有设计过任何建筑。总之，太阳应不成问题，他们毕竟是以空调来降温的，因此不必担心太阳。但我们都必须考虑可塑性；必须考虑宏伟感。我并不单单用古典柱子加以变通。除了运用混凝土以外，我还作了一些别人未曾作过的事情；我有自己服从材料特性的巧技。就像我抱怨别人注重材料本性一样，我自己对此也很重视。

再看这幢福特·沃尔斯的阿蒙·卡特博物馆的门廊，这是用真的石头建成的。（我知道，它看起来像混凝土，但实际上不是。）圆拱是曲线的，每个圆拱都用奥斯汀石头刻成，这是仅次于灰华石（**travertine**）的最漂亮的石头。大约每平方英寸为一个化石块所构成，奶油色，这在德克萨斯州的奇妙光线之下显得特别漂亮。在这种情况下，门廊在遮阳方面起了很好作用，因为玻璃是设在门廊之后的。外型纯粹从视觉考虑，又因其以石头建造，使大家都很满意。也许，当乔治·豪（**George Howe**）在这里的时候，你们都不认识他。我们曾坐在一起，喝着苏格兰威士忌酒，梦想着石头的时代，梦想着再一次用石头块来建筑！他曾因为在费城所盖的储蓄基金协会未能采取厚于三英寸的花岗石而十分懊悔。我们梦想着用很好的石头块把建筑承托起来。福特·沃尔斯博物馆是石块的；拱券是石头的，在其上架设横梁。但至少整个拱廊及周边的建筑是用石块建成的。自从这里建了摩根图书馆以来，还没有人这样作过，但谁都知道，像这么宽、这么长、这么高的一块石头，只要放得是地方，准会引起建筑师的好感。

宗教气氛这个题目，在现代主义的早期从未得以表达。我不知道你们用什么来代替宗教气氛。在过去30年里，清教主义取而代之，达到了相当的程度。"简单化"被以清教主义统治美国时期同样的方式加以强调。现代建筑及早期美国建筑都使用白漆及清晰的窗户；但白色会堂差不多就像现代建筑那样是反宗教的。我们已如此地习惯于看见一座"可爱的"18世纪教堂，却忘记了在这些纯白的、有着眩目的窗户的房间中那种反宗教的气氛。在宗教建筑中，本来是不宜设窗户的。如果你打算以光线来增强宗教感，无疑哥特式和巴洛克式在这方面作得最好。你不能只要白漆！回想一下，在现代建筑中先是佩雷特（**Perret**）的兰西素混凝土教堂，到巴塞尔（**Basel**）的卡尔·莫塞教堂；然后是奥德的鹿特丹教堂，那是带有一个窗户的方盒子；再就是密斯的伊利诺理工学院奇特的小教堂了。密斯的逻辑似乎是：一座银行就是一个高尔夫俱乐部，就是一幢住宅。我的意思是指结构的明晰性及风格都是一样的，而不管建筑的目的何在。他从《时代》杂志上说得很好："建筑本身要比它的功能长久得多。"他刚在休斯敦建成了一座博物馆，一些人抱怨在那里没有地方悬挂图画，而他则回答说："但是，这幢建筑要比那种功能经久。"在德州的休斯敦，倒的确如此。然而你们看，那种思想无情地导致他建了一座砖砌平顶小教堂。这也出自无可比拟的经济因素，你们和我都作不到他的一半那么好，因此不必去嘲笑那个教堂。但事实上，今天我们对此是并不满意的。

现在来看看我这个砖砌客人宿舍的房间，除了提供睡觉的地方以外，它还作到了创造出一种处于曲面之中的情调，而我不在乎穹顶是从天花吊下来的。为什么一个穹顶不能从天花吊下来呢？吊下来是很自然的办法。

无顶教堂是我现在正在设计的建筑：玫瑰圣殿。这是一个印第安纳的圣殿，是为一个德克萨斯州的女士所盖。当地的象征是玫瑰，因此它就叫做玫瑰圣殿。这是位于中心的 **Lipchitz** 雕像。这一想法来自很多历史资料，基本上是基于印度的实心塔（**stupa**）。大约60英尺高、直径50英尺。它是用木瓦片盖成的，受启发于挪威的窄木板教堂。圆圈形则是来自各时代的中心型规划。圆圈有奇妙的意义，当我将它设计出来以后，我才在琼斯关于基本形式的描述之中发现了这种意义。很有意思，我原来是按照琼斯的描述来设计的。和超级无意识或者别的什么连系起来，这是一种很好的感觉。基础是大石块，10英尺高的石灰石；屋顶是向空间开放的。无需说，在夜晚是有照明的。它为高墙所围绕，只在左边为柱廊所打断。从柱廊看出去，可见同肥沃的华巴斯狭谷相连系的风景。但在设计结构时，没有电脑就无法进行，那些卡片都已在办公室的地面上堆积如山了。换句话说，这些非常奇特的复合曲线形式，既不简单，受力也不直接。

再看看在下面这幢建筑中，我仍然在以某种方法设计宗教式建筑，虽然它所包容的是原子反应堆而不是圣坛。我最主要的两幢宗教式建筑，其一是布朗大学的电脑中心，另一个就是这一原子反应堆，它现在已在以色列的地中海边上盖起一半了。当他们找了一个建筑师而不是工程来设计原子反应堆的时候，在业主的心目中，对强调宗教意味也是十分认真的。当然最直接、最简单的结构本应是一个圆筒，有点像煤气罐的东西。因为煤气罐最直接最简单，并且也许最为省钱。毕竟，连窗户都不必要；在里面除放置机器之外，不会有别的问题。实际上也没有什么室内空间可言，因为这个怪物太大，使你不能在它周围有任何空间感。它是一个"外表型"建筑。而现在，我们已在垂直方向上采用了双曲抛物面，构成了建筑的外形，在沙漠之中它颇有一种纪念性建筑的风度。在那样的地方，你不能摆脱简单的形式。这差不多是我第六次尝试了，因为像这样一类素混凝土建筑，你必须作得尽可能便宜。你先通过一个像圣·阿姆布罗斯（**St·Ambrose**）教堂那种庭院进去，就如同圣·阿姆布罗斯的庭院中能见到教堂一样，在这里反应堆则在整个庭院中都隐约可见。

现在来看看对"国际式"来说很难对付的最后一种建筑类型。这是我的纽约林肯中心的广场设计（还没有发表过，也不想发表，因为在实践上差不多已是被拒绝了的设想）。我们六个建筑师围坐在桌边，你们可以想见情况如何。我的合作者们对这种类型的建筑设计都很认真，并且每个人都认为就只有他自己是上帝的后生，能够下命令把这个广场作成什么样子。而争论是很妙的，不同之点大量集中在我所说的“世界观”上，因为在我们之中既有现在派建筑师；也有绝不在一个广场上三面盖房子然后将其连接起来成为一个室外空间的建筑师，然而这却恰恰是我所愿意干的。我们之中有一位设计了一个板式塔楼和一个圆形体。这种手法在1928年说来，也许是集各部分为一种统一构图的好方法。我的想法却很简单，那就是忘记所有这些建筑，所有这些，并建一个广场。在此基础上你再去发展你认为必要的任何东西。谁都看得出来，这些建筑不可能一下子都建成。在这个漫长的建设过程中，孔洞太多，谁也说不准这些建筑究竟有多大，因为谁也不知道钱从何而来。但我们必须着手开始兴建。这很像必须扩建的耶鲁大学，当第一阶段尚未完成之际，即已突然发现它必须扩大两倍之多。结果是搞得乱七八糟。

这个林肯中心首都必须具有某种宏伟性。这是纽约建立其文化地位的地方，因此我们几位建筑师都力求协商妥协，尽快寻求某种结论。

从体形来说，广场的优点是可以将任何建筑摆进去而不致对该广场造成大的影响。我正在德克萨斯州的休斯敦盖一座校园。那是用的密斯式拱廊（**arcade**），当学校的需要发生变化之时，他们可以将这种拱廊添加在他们希望的任何建筑之上，很像在佛吉尼亚大学那样。今天，在“现代”的学院中，你们当然不能这样作。你们不能设想建一个广场，并在立面的后面加东西。每个建筑都应具有自己的存在状态。我所知道的“国际式”规划的最佳实例是伊利诺理工学院的校园。那些建筑都是精巧和模数化地相关连的。无论那些建筑的尺度如何或者与之相邻的建筑的尺度如何，都有某种相关的模数关系，并按密斯著名的“滑动的方形”（**slipping rectangles**）的方法相互滑动。这就构成了一个宏伟的规划。但这并不能令人满意。大家并不能在感情上仅仅满足于看到一些关系很好的方块块。这又一次看出，历史将能为我们作些什么！例如我们可以想一想罗马的军营（如**Timgad**）、希腊的广场（如**Assos**）、圣·彼得教堂和圣·马可广场。真遗憾，举不出美国的例子，除非杰弗逊纪念亭可算个例外。为什么我们不考虑、不能够作到采用庭院式的一种办法呢？

在我的广场中，我没有设计歌剧院，因为它的建筑尚未设计出来。我唯一感兴趣的，是能给人们以端庄感的拱廊，人们可以从街上通过拱廊看到庭院、看到中心建筑——那当然应该是大都会歌剧院。我设计的及其他人设计的剧院应在两旁，仅仅与拱廊搭上。整个广场应是封闭型的，因此除了走前面之外，你就无法进出。

再谈一下广场的细部。我设计了这个混凝土预制柱体系，我今天刚刚意识到那其实是受启发于火焰式的教堂立面。我们现在不能用石头来建；我不大清楚过去他们是怎样将石头拼在一起的，而现在我们必得用杆件来加强。过去用的真石头，带形石头。我们则运用混凝土，用这种办法来作我的柱子，不仅容易而且会非常的便宜。我不认为，在我们的时代以十分宏伟的方式来运用石头有多大的意义。

目前我还不知道我所讲的这些想法将导致什么结果。历史总是我藉以开始的东西。这就是说，我宁愿从罗马的街道模式开始，并从此追索直到现代的东西。我不能肯定我们将往何处去。你们中的一些人将设计方块块；一些人只能设计出能进能出的房子；而另一些人则将继续设计“现代”的，如果愿意的话。我认为我们正在走向决裂，那是一种奇异而使人兴奋的事情。我们正急速地朝四面八方奔驰而去；我所能说的就是：“我们走吧！让我们大家都来赛跑，得到娱乐！”我自己愿特别指出的是：“为历史欢呼，感谢上帝创造了哈德里安（**Hadrian**）、贝尼尼（**Bernini**）、勒·柯布西埃以及文森特·斯卡利！”

8. 我们现在何处？

（原载《建筑评论》1960年11月号）

要是为英国《建筑评论》每月所载之《走向何处》专栏作一个美国附录的话，我恐怕并不是《评论》所能聘到的最佳人选。这里有斯卡利（Scully)、希契柯克、德雷克斯勒（Drexler)、麦奎德（Mc Quade）可供选择。但我的确也有一点短处中之长处，那就是我不同于其他几人，我的确在进行设计实践——虽然有很多困难。我是处于“撰写历史俱乐部”之外的，因而我可以随心所欲；也情愿被别人贴上各种标笺，包括错误的标笺。对于一个搞设计的人来说，虽然被别人轻蔑地分类归档并非愉快之事（因为这会使人感到艺术家喜欢自夸的那种自我荣耀感受到了损害而被打入另册)，但被如此敏锐的、有教养的英国知识界有趣地打入另册，却也无妨。

凡要讨论“我们现在何处”的关键问题，不能不涉及到班纳姆（Banham）的重要著作《第一机器时代的理论及设计》。这是一部极好的、反常的著作。我不敢苟同他的如下偏见：“区别现代建筑的，无疑是一种新的空间观念及机器的美学。”作为一个晚辈建筑师（甚至并非“现代的”)，我没有新的空间观念，也没有满脑袋的机器美学。

我也不同意他的标题，并很快地想出了另一个：“前半世纪的建筑理论”。这并不是说我希望有个没有观点的历史学家（我喜欢斯卡利在他论莱特的书中关于希腊地形学的介绍)，但我很难同意作者关于二十世纪的奇特信念，即我们生活在一个“机器的时代”(注意大写字母)，并将其纳入他关于建筑风格是否合理的标准之中。

可以想见，建筑有其自己的合理性，它不需要同别的任何规划相参照而使之“合法”或者承认其价值。我们甚至要怀疑，像“价值”、“伦理”之类的词对建筑风格是否适用。例如，国际式无需别人来说它“好”或是“不好”。希腊式和哥特式在其后的若干世纪里既被推崇，也被谩骂，但没有什么意见能左右建筑本身，只是在思想舞台上为推崇者及谩骂者广加评论而已。“国际式”以其自身的发展证明了它的正当性。我们可以不喜欢它，也许我们多数人现在是持这种态度；但却更趋一致地对其将来的发展或者对其在历史著作中所要占的地位不抱积极的观点。

为了辩论起见，就让我们承认我们的确生活于机器的时代吧。很难设想，处于该时代的建筑形式却不表现这一时代。然而（班纳姆所谓)“国际式表现了它的时代”只不过仅仅是指它当时很流行这一事实。

至于书中所论及的关于很明显地正在消逝的第一机器时代与正在到来的第二机器时代之间的细微区别，这对建筑来说并不是有意义的两分法，在别的好的历史书中只不过是顺带提及而已。

然而作者的主要兴趣却很清楚，那就是未来主义。他对马利内蒂（Marinetti）抒情风格般的描述是与对（例如）柯布西埃理论的曲解式幽默大不相同的。从马利内蒂到富勒，代表着一种《建筑评论》也许可称之为“主流”之外的发展路线，即技术路线，技术是唯一的神化物。其故事在班纳姆的废话中真有如同乘柯利岛上的游乐滑车般的叫人兴奋。然而这种玩意儿却给我冷静之感，因为正如班纳姆所指出的，未来主义之思想较之其形式更为重要。

我对“主流派”更感兴趣。英国对德意志制造联盟的影响从未像这本书那样被描述出来，马热休斯（**Muthesius**）从未被更好评价。（在这本书里，往往是那些非建筑师的空谈家如马热休斯、马利内蒂等人，远比那些辛辛苦苦的实干家更使人感到激奋。）

班纳姆的书充满了新的简介：例如对伯拉格的介绍就使我感到很新鲜。情况一直很清楚，伯氏曾有很大影响（特别是对密斯的发展），但当参观他的作品时却相对感到很一般，甚至毫无兴趣。然而班纳姆在其慕尼黑的讲演提纲中将伯氏作为莱特与欧洲现代运动的桥梁，就使一切都变得清楚了。

不过，班纳姆对鲍豪斯所发生的事情并未提及。鲍豪斯的所有成员都不否认在1923年的革命中风格派的影响，而我们的眼睛却告诉我们事情并非如此。毫用疑问，多斯伯格和鲍豪斯之间的私人恩怨把两边的眼睛都给朦住了。

感谢班纳姆，我们从他那里获得了以六十年代的眼光观察德国整个二十年代的观点。密斯和希尔伯塞默（**Hilberseimer**）已成为眼光最敏锐的建筑师，后者因其著作而前者则因其在威森霍夫对现代运动领导人物的选择。用今天的事后眼光来看，谁又能对1927年将4位著名建筑师即柯布西埃、密斯、格罗皮乌斯及奥德摆在国际建筑博览会的突出位置而持不同意见呢？一个从业的建筑师而不是一个评论家选择了这些人，这件记录在历史上的事情是令人愉快的。

班纳姆论及二十年代末出现的那些评论家时，吉迪翁和希尔伯塞默的名字出现了。至于班纳姆在他的文章里（而不是在他的书里）所提到的“巴尔——约翰逊——希契柯克圈子”却被排斥在外。他对善于宣传的历史学家吉迪翁开玩笑，说他迷恋于各时代的功能主义学说，但却并未提及希契柯克不是这样的。请读读希氏的《现代建筑》一书（1929年出版），很清楚，作者那时在他的著作中称之为“先驱者”的人们，正在做某种激进的、不同一般的事情，但这是与“功能主义”或者“机器美学”毫无关系的。也许我在这一点上是“美国民族主义者”，但不偏不倚的希契柯克却似乎有一种眼光，他把形式看得比废话为重。顺便提一下，班纳姆在他的书中从头至尾采用的称号“国际式”，是在希契柯克的一本书的标题上第一次出现的。

至于班纳姆这本书的最后一章，我认为他本应删去。在这一章里，他似乎想持这样的观点：“国际式”本应该（从道义上）象征机器时代。为什么？当他在书里将功能主义作为一个虚假的宣传口号（这个口号的确并未为那些使用这个词，这个限定的、反面的、不现实的想法的那些领导人物所实践）加以抛弃之后，现在却来攻击这些领导们没有按照别的、同样是宣传性和幻想性的信条来设计。他没有责怪密斯的巴塞罗那展览馆的非功能主义性质，但却责怪它不是机器时代的象征（按班纳姆的说法，是带大写字头的“机器时代”）。让我们从该书第325页引述一段话：“但由于国际式的这一毫无疑问的成功，我们有资格问道：按其最高的水平，国际式的目标是否引人入胜，它对机器时代的判断是否可行？”谁去管这些呢！主要问题是，国际式的作品是否美观，且不论是否永恒的美观，但对我们这些喜欢设计得好的建筑的人来说，是否是相对美观的。

班纳姆以坚持“第二机器时代”的道义要求而结束本书。他似乎是个“超越建筑”（**beyond architecture**）的信奉者，认为纯粹的技术将促使我们前进再前进。**B**·富勒有关只着眼于设计而不着眼于管道、化学及科学技术的国际式的有根据的批评被广为引证。他倒说到点子上了，但所有的建筑都是对设计而不是对管道更感兴趣。

让我们再回到本题：究竟往哪里去？国际式正在逝去，《建筑评论》正在寻找"一种新的、强制性的、统一的口号"。但是，如果我们生活在一种不喜欢"强制性口号"或者风格、或者戒律、甚至带大写字母的什么东西的时代之中，难道我们只能毫无目的地瞎转？"世界充满了数不清的东西"如此等等。但我则毫无顾忌地承认：我喜欢在我的作品中评论历史！意大利人喜欢有趣的形状，我却不喜欢。但我算老几？英国人喜欢**Jaoul**住宅。保罗鲁道夫喜欢朗香教堂，这些对他们更有吸引力。我们现在正处于迷茫的浑沌之中。让我们享受它的多元性吧，让学生们每年得到一个不同的英雄人物吧，也许对他们来说这是件好事。

无疑，班纳姆的书，因其分解了上一代人最后的信仰（可爱的、有助益的信仰）而将进一步助长这种浑沌状态。

9. 在伦敦建筑协会的漫谈

（1960年11月28日于伦敦建筑协会建筑学院）

我很高兴稍微来得早了一点。这就给了我一个机会上楼去看看，"建筑协会"究竟是否真是在这里！我们在美国对你们这所学校有一种奇特的印象。我不知道你们送给我们看的资料是最好的呢，还是最坏的，我则愿意有一定的时间到这里来看个究竟。我们的印象原来是这样的：如果某人来到建筑协会学习，他就会将锅炉房设计在屋顶之上，又再在其上放置形状最为奇特的塔楼——而达于地面的则是小小的柱子。你们还有奇特的绘图方法；如果我作任何一种国际竞赛的评委，我能一下子就认出哪些是建筑协会的作品。

这是我十年来第一次到伦敦，因此我对正在发生的变化很感兴趣。我也许是从错误的角度来提及这些奇特设计的。有这么多锅炉房悬浮于空中，大不列颠将会是个什么样子呢？那也许将是一个很有趣的时期；但现在还不是。从帕廷顿过来的路上，我们正好经过了三幢犹如纽约的利华大厦一样的建筑，一个比一个糟糕。当然，我没有必要作这样的评论；作为一个外国人，我不大适于这样作。不列颠是辉煌灿烂的！我碰到过一个最会讲话的出租汽车司机，很像我们在纽约碰到的那些司机一样，我真感到犹如就在家里。通常，英国司机只要把你送到要去的地方完事；而这位司机则让我通过你们奇特的出租汽车的玻璃看看卡斯特诺尔（**Castrol**）大楼。我说，"你对此有何看法？"他说，"我认为那是非常乏味的。"我看这是恰到好处的评论。我在此之前还未曾意识到在这里高水平的建筑评论已达到了这样的程度。这真是一种绝妙的评论，并且表示出他对所有这些高层建筑都感到缺乏特性。他问及我对美国驻英国大使馆的看法，并且自愿提供信息说，那是一个建筑的怪物。我们曾驱车经过那里。他所喜欢的唯一建筑是索恩（**Thorne**）工业大楼。这幢大楼是否也难予恭维呢？

它的确高出一筹。

你们看，这个司机还真是个伟大的批评家。由于我上周在柏林作了一次别的题目的报告，因此今天在此讲话是毫无准备的。我感到自己在伦敦只是跑马看花，匆匆而过，因而很希望大家给我提供信息。

有趣的是，谈论建筑正变得越来越困难。二、三十年前，即在你们出生以前那倒是相对简单的。我们经历了一场战斗。我们知道伟大的人物是谁，也知道我们奔向何方。很容易就参加到伟大的斗争中去。在三十年代的政治生活中，西班牙正在打内战。如果你参加一个知识界的会议，你很容易弄清自己该坐到哪一边。

在建筑方面也是如此。你可以喜欢柯布西埃，也可以作一个"方块派"。（我很高兴地知道，骂人的话在英国较之在美国要高明得多，我希望我能学到一些。我昨天在哥本哈根从一个英国建筑师那里学到了一两个新词。）现代建筑正在乱套，因而讨论起来就很难。我昨天和今天都在巴思市，参观那里新建的美国博物馆。它显得很奇特。你们去过那里没有？吉伯德

（Gibberd）先生有一幢很丑陋的建筑正好建在市中心。但毕竟我还说不清那算不算丑陋。当你看到古老的巴思在你周围之时，你如何来设计现代建筑呢？当你看过那里的“月形宫”（Crescent）之后，你又该怎样设计住宅呢？在美国，我们就绝不会碰到这种问题。在那里，历史是毫不重要的——正如亨利·福特先生所说的那样。但在英国则不然，如同我在另一次讲话中以有点带矛盾意味的时髦话说过的那样，你不能不知道历史。在巴思市中心建一幢建筑应该是容易的事情，在建筑中做修补工作是容易的。当你在牛津大学建一个新的学院时，就会被告知说，你绝不能照抄哥特式或文艺复兴式而只能另起炉灶。但我再也不那么认为了。锅炉房要漂浮在牛津各学院的上空！人们必须考虑这样一些问题。

在1914——1918年战争之后，一件非凡的事情在德国发生了：我们看到了在书籍中我们仍然称之为“现代建筑”的成长过程。1923年对大家来说都是不可思议的一年。那是密斯设计伟大建筑的一年。当我还是你们这样的年纪之时，我很确信我们正在进入只有乔治式才能与之相比的新时期：主调应该由密斯确定，而其他的人则只能作些附属建筑。我们那时确信，到了1960年时，将出现伟大的现代建筑之世界和平。然而事实却相反。第二次世界大战到来了，除了像卡斯特诺尔大楼这样的地方之外，“国际式”消失了。统观这些设计，我发现只有两座这种风格的建筑建成了。一座是一个加油站，这个题目可做的文章很少。还有一座市场，看来有着不很明显的“摩登”。我是在更加确切的意义上使用“摩登”一词的，即指两次大战之间的建筑。它在英国和美国都称之为“国际式”——这种表达法在我国大概更为流行。只有一个倡导者还健在，这就是密斯。他是不会改变的。四十年之后他没有改变，我认为那是难能可贵的。这是一种稳定持久的影响，值得我们大家尊重。

今天，我为自己那些十分零散的作品颇感不好意思，因为缺乏方向。我很愿意恭维一句，你们的作品也缺乏方向。毕竟，你们不能总是把锅炉房工厂建得那么高悬空中吧！我们能够作些什么呢？诚然，我们都可以说我们欣赏密斯，并且某些训练对年轻人的思想大有好处。但如果有人厌烦了，如果有人不喜欢看卡斯特诺尔大楼了又将怎样呢？如果你到德国去，你就可以看到法国式的丽华大厦，那是更加糟糕的。或者到丹麦去看看S·A·S·大楼，那简直可说是糟糕之最了。它的比例不对，更像一张画了东西的吸墨纸。它也谈不上外形、高度、宽度或者气氛。如果你在周围转一转，那种令人沮丧的感觉就会越益加深。唯一的效果就是，你想尽早跑开。

十九世纪也非常复杂，故尔有专著加以论述，那是我的朋友希契柯克写的，题为《建筑：十九世纪和二十世纪》，这是一件困难的工作。如果你们还未读过，我想你们的老师们是读过的。作者告诉我，最好是从论述住宅的那一章读起。

我在大学本科时，是念哲学的，而不是念建筑学的。也许那就是为什么我现在还没有一本著作的缘故。我的确相信，一个人作事情，总有一贯性的理由或原因。不论其依循的哲学如何，每个人的建筑看起来总是与别人颇有区别的。吉姆·斯特林（Jim Stirling）的外形使人看起来很舒服，但我不知道他所说的那些形式是从何而来。他喜欢奇特的支柱，就像你们喜欢把锅炉房放在屋顶上一样！他是一个很敏感的英国人。我们到英国来总是要学点我们所需要的那些词句，因为我们那里是一块开拓者的土地，并且很不明朗。你们也许听过雅马萨奇前几天晚上在英国皇家建筑师学会的演讲了。“毫无用处”，这就是美国的看法。他说，“我在心灵上恰似一个小孩。”他和我们其他人一样的傲慢！你们想必听说过查尔斯·埃姆斯（Charles Eames）。他谈吐犹如一个真正的美国高中生，但在这种外表之下，他却是一位第一流的设计家。他应该雇一个英国人为他撰写设计说明。那也就是为什么我要到英国来——

因为我喜欢同《建筑评论》以及懂得一些东西的年青人打交道。如果希契柯克是出生在英国的话，想必他那本书会写得更加壮观。帕夫斯纳（**Pevsner**）却不然，但他也是何等的有条不紊、何等的勤劳！在《欧洲建筑概述》一书中可看出，他已经上了路，并且知道正在往何处去！

在坐上火车并思考一种哲理的时候，我很赞赏你们的风光。英国人并不像华兹华斯(**Wordsworth**)曾作过的那样，足够地欣赏这些风光。到英国西部去旅行，对住在纽约的人来说犹如到了郊区一样。但当你一旦走出伦敦，风光就开始变化，好象从砖到石头，从一种风景到另一种风景。我们是不大习惯于套叠起来进行思考的。风光如此美妙，我的哲理却跟不上，但有时以贴标笺来表示赞成或不赞成还是有用的。英国人在这方面作得不错，他们发明了源于瑞典、称之为“新帝国风格”的东西。它寿命不长，甚至在《建筑评论》上也只是昙花一现。然后就出现了“野性主义”，如此等等。

简而言之，我的哲学就是“功能折衷主义”(**functional eclecticism**)。它一点也不简单。而新的“野性主义”也并不象它所宣称的那种样子。标笺并不在于它们说的是些什么，这点是很正确的。邓普迪（**H.Dumpty**）对待这问题相当得法，他告诉艾丽斯(**Alice**)说，词句的意思在于你究竟想要它具有何种意思。我现时的想法是，由于没有正规的训练可资遵循，——且暂不提那些锅炉房——你们也不妨采取这种办法。我自己首先是一个历史学家，而只是意外地成了一个建筑师。对我来说，好象没有可以墨守的形式，但却有历史。现在没有象毕加索所钟爱的基色那样的东西，却代之以我们很爱用的脏褐色、红色和灰色。我所认识的人当中，除了那些想表现得多多益善的新“新塑性主义者”(**neo-Neo-Plasticists**)之外，谁也不想用大红门、蓝框架和白墙。1925年我在鹿特丹看到第一幢塑性主义者的建筑，这也是我第一次看到了，一切都很平静、很简单、不杂乱。用一点原色是人们所能接受的。人们能够为直线辩护，人们能够、并且已经对事物产生强烈的感受，正如三十年来对政治的感受一样。我所有的朋友那时都是共产党员，或者靠近共产党。他们现在再也不提这些事情了！一个人能对事物有强烈的感受，这是生活中的一大帮助。我在对待事物的相对主义道路上真的走得很远了，因而很注重标笺。我没有任何信仰。因为它对建筑既无助益，也无损伤，虽然它也许会不时地产生某种奇特的效果。

柏林有座世界上最好的剧院，去那里的既有富人，也有吃不饱肚子的、只能去看看的那些人。事实上，后者是专注于舞台上所诚心表演的一切东西，即每一个手势、每一个动作。他们只能走上舞台的边缘并进行所谓交流。你们也许已在贵国那些热情的人们中看到了这种情况（恐怕在美国我们也有肯尼迪和尼克松那样的组织人才）。只要有政治热情的地方，就较容易有建筑的热情。由于没有热情，那就让我们去做我们愿做的事吧。

简言之，功能折衷主义等于能够从历史中挑选你所想要的任何型式，外形或方向，并凭你之所好加以运用。我参加过华盛顿的罗斯福纪念碑设计竞赛，由于它必须同国会大厦相呼应，我便提交了一个罗马穹顶式方案。可以想象得到，它首先就被那些“现代派头脑”的评委们扔掉了。但我认为它是最恰当的。对于建筑，我并无真正可以表达的态度。如果我们将导入混乱，我感到我们也将同时导入好的、绚丽的混乱。让我们不要单纯地谈论容忍，而要加以实践。我实践它曾有过一段很糟糕的时期，因为，譬如说我一点也不喜欢沙里宁的作品。

对我来说，我很自然地采用一种历史的方法，但如果你们喜欢锅炉，那就没有理由说你们不应该去耕耘这种想法。也许将来有一天我们将在国际竞赛中看到更多的从你们这个学校提交的作品。笼统地说，我的哲学的确重视功能的合理无误。如果我在某种场合喜欢穹顶，我就用它，并且宁要它而不要沙里宁的皇冠。我认为那皇冠应该放在顶上而不是在地面上，以免看起来好象它已经不能从淤泥中拔起来一样。你们可以看看他在麻省理工学院及埃德列怀尔德的新作品：在那里，你们能看到真的不能离开地面的鸟！万神庙有没有大的毛病呢？就音质而言，穹顶不可能很好，但它具有庄严性和中心性。

我在纽约的新剧院看来很有些象柏林的**Altes**博物馆。它是与林肯中心的其他建筑相协调的。我的哲学允许在周围活动具有比通常更多的自由。在十八世纪，如果他们想建高层建筑，他们很可能擦起一座中国式塔，因为那是他们所曾见过的最高的建筑。如果有人想建一个废墟在山顶上，他只需建一座某种形式的塔就行了。我至今也不认为那种想法有何谬误。

问题是，"你们应该干些什么？"当然，我并不认为你们应该去上建筑学校。你们都在学那些错误的东西，据我看离开学校越早越好。如果你真的想成为一个建筑师，你最好到一个建筑师事务所去工作。这一劝告在美国是行不通的，我猜想在这里也是如此。因为按照那种办法，你必须工作15年才能获得合格证件。你们在学校所能学的一切，就是功能部分——如何安排才能让人们走进门去，楼梯是不是太窄了，如此等等。但建筑之真正目的必须要使人感到兴奋。所有真正的建筑都是内部建筑（**interior architecture**）——城市广场、教堂甚至住宅，尽管大家都不愿设计住宅；我们都宁愿设计宫殿。你们应该会设计广场，创造出更多的巴思来，使人们置身其中而感到很奇妙。巴思与经济及规划无关，也不应该有关。它应该在很久以前就建成了，因此你应该忘却经济，忘却造价，忘却卫生间和电梯，而仅仅考虑外形。那些在微风中飘荡的很妙的锅炉设备——那就是建筑。我建议你们尽快离开学校而去开始摆弄那些锅炉设备。

问：在沙里宁、鲁道夫、斯东、邦沙夫特等五、六个人的作品中，似乎有某种类似之处。是什么原因导致了这种在美国也许已发展了50年左右的千篇一律的方向呢？

你使我很感吃惊！我本已考虑到这是由于如下非常不同的道路所致。希契柯克在以前曾提及过这类事情——例如莱特和柯布西埃这两位相互厌恶的人的住宅之间的类似性。历史书将会找出两人之间的联系。无疑你是指这些人之一悬挂了一种花格墙在建筑上，而斯东先生或别的人悬挂了另一种花格这个事实。我在建筑上悬挂了一些东西，邦沙夫特也这样作，但他甚至在大街上也不再同我搭腔了。

问：好象有一种格罗皮乌斯称之为"功能主义"的运动，但几年前突然解体。为何解体得如此突然，并分成了这样多的派别呢？

那是我这一辈人的极大失望。我们都感到，"国际式"确是根基深厚的。我的出租车司机在5年前是不会发现卡斯特诺尔大楼令人乏味的。丽华大厦是那时的主要代表作——我甚至是在英国听到这一说法的。但现在不然了。如果你必须设计一幢办公楼，那么西格拉姆大厦应该是所要达到的顶点。我难以想象发生了什么事。我以为你们也许知道，因为在这类事情上英国人似乎总走在我们前面。我记得几年前曾同史密森（**Smithson**）讨论过。而今，沙里宁每次用钢笔在纸上都画出不同的建筑。你是否感到沙里宁和我所做的之间有某种联系呢？

答：在某种程度上是这样的。我们很容易将雅马萨奇同沙里宁相比较。他们都是每次朝新的方向走去，并为他们正在做的进行辩护。我记得沙里宁的美国驻英大使馆建筑。

那仍然显得很摩登，虽然它在很大程度上依靠质感。我是不喜欢它的。显然，我没能得到那份设计任务！它是密斯式的摩登，但沙里宁以单一的外形来代替**H**型钢。它是在支腿之上运用多次重复的手法。没有上部，也没有下部和转角。而我设计的所有转角、上部和下部都变得越来越被强调了。建筑设计变化得太快，以致今天的创造在明天就会显得过了时。但你们提到的类似性很有意思。也许会使你们吃惊，你们的作品一旦到了美国，就会看起来都差不多。

问：你的建筑看来很像是在庞大预算之上盖成的。想来你也必须考虑一些造价问题。请问你是怎样对待的呢？

我的耶鲁大学新实验楼是按预算盖起来的。遗憾的是，那些建筑看来有一点象斯特林的。

问：你是否认为，如果不只是为了单纯的任务，而是将你的建筑与社会计划相结合，那么你的某些问题能够得以解决呢？这就必然促使事情有更清晰的格局。这不会是太离谱的吧？

我的确不必一定要那么去做。当然，苏联人是这样做的。但正因为苏联人做得很差，这就并不意味着我们没能力这样做。在美国，我们似乎没有社会的控制，甚至没有开始这样做。我希望看到在这里有进行控制的迹象。你们已有了伦敦郡议会以及各种规划委会员，但这在我看来还是相当资本主义的。德国甚至比美国还要糟糕，他们在任何老地方都盖老样子的建筑。我的理论是："让我们松弛一下吧。"在我们的时代，我看不到会出现那种社会秩序的前景。社会民主已经有很悠久的历史了，但毫无成果。

问：你的松弛是否产生于对政治形势不抱任何幻想的结果？

我对政治不感兴趣。也许这是出于人们原来曾有过的、消失了的某种热情，但没有理由失望。应该运用我们建筑领域里十足的混沌、十足的虚无主义和相对主义来创造奇趣。我和斯特林在这个问题上观点不同。

问：对我们很多人来说，那样似乎显得近于不负责任吧？

不止是"近于"，那"就是"不负责任。我已经被指责为不负责任的了，但是一个仅仅考虑社会责任的人又如何能盖成西格拉姆大楼呢？我们所需要的，是一幢讨人喜欢的建筑。

问：在美国是否有比装点一座塑像和盖一座豪华的博物馆更困难的建筑问题呢？也许在美国你们没有什么有待回答的问题吧？

我们有着你们所有的一切问题，但没有人特别注意它们。我正在为耶鲁大学设计一组科研建筑，其造价必须控制在35美元一平方英尺，这仅仅是博物馆建筑的一半。我用混凝土来建造，已经作到了这一点，比较便宜。在一些时候以前，我们放弃了住宅。总之，建筑师所设计的住宅仅占建设量的大约十分之一。某些已盖好的住宅是相当令人生厌的。这个问题被极大地忽视了。密斯是个例外，他有一位很有钱的发展商。该发展商认为自己是上帝送给高层建筑的礼物。我则相信密斯宁愿建纪念碑。纪念碑的潮流我看没什么不好，这是从"国际式"的瓦解中浮现出来的好事之一。谁也不会因为设计一座罗斯福纪念碑而感到羞愧。

问：你是把这些纪念碑作为重要的事情给我们介绍的吗？

我有这一类的实践。

问：我猜想那是出于自择吧？

我想，每个人最终都能得到他所希望的工作。如果我突然因故感到工作没有把握能拿到，我是不是应该跑向最近的住宅发展商——他们也在干糟糕透顶的工作——并要求工作呢？我看这种方式不可取。史密森设计了一个还算不错，但这几乎断送了他。如果要把住宅作为主要的兴趣，你必须是个很有钱的人才能成为一个负责的建筑师。

问：你是否认为艺术是某种自由的东西，它绝不该卷入辩证的领域——即当你并不打算对人们负责之时才能去实践它呢？谁对艺术负责？

艺术是个激发感情（**emotion-arousing**）的词，是指比责任更多的东西。

问：你是否感到，你的艺术在每幢建筑中都在发生变化呢？

英国人在运用所有这些词句方面较之美国人要知道得多得多。

问：很多英国人仍然相信，形式和内容是紧缠在一起的，并且其所产生的东西就成为艺术。那绝不是件容易的事吧？

我想是那样的。艺术是最不可思议的事物。你不可能躲在不完善的内容及形式后面。在住宅中有很多环节。你总能说，"我们能承受得了这个或者那个"，但如果你让自己去把锅炉房放在屋顶之上，单凭这一点你就会受到批评。我欢迎你们这个学校不去理睬那个责任感的态度，而有意将那些锅炉放在那里。我曾试干过房地产。有一天，我从我通常放在后部的抽屉那里获得了我的责任感。我们都是时代的产物，不可能没有痛苦的内疚感。但我希望你们不会被这种事所打扰。

问：你是否认为人类的历程已变得恐慌了？

我想我们对此都过于认真了。它或者会在几年之内就过去了　或者不会。我很高兴还活着。我不能想象会有更令人兴奋的时代。艺术是件复杂的事情；就米开朗基罗及其作品来说，从社会责任感的角度讲，它是好的呢，还是坏的呢？威士忌酒在这个国家并不会招人眉开眼笑，但在美国我们都是禁酒主义者，在我们国家建造最大的威士忌大楼，这对于以后的工程很难说有什么可取之处。莱特在贬低住宅建筑时，总是说："那个威士忌工厂"，就意味着说那是一幢名声欠佳的住宅。总之，（中世纪佛罗伦萨收藏艺术品的）美第奇家族都是些什么样的人呢？也许他们之善于偷盗就如同我们自己的橡胶气球所曾干过的那样。弗里克（**Frick**）博物馆有何问题呢？它可能是很有钱的人遗留下来的。

问：除了感情的方面，这里就没有欣赏艺术作品的方面了吗？我们有的人也许认为，你的一些建筑是显得很柔和的。

那是因为我是个没有能耐的建筑师。但我们不该去谈论我们是如何好、如何坏。诺伊特拉（**Neutra**）说他是世界上最伟大的建筑师。说起来倒很容易，但实际上他不是。一个人显然具有某种责任感，因为他是为业主所信赖以完成其所需要的建筑的。业主并不知道该建筑应该是什么样子，他也许只能说："我们需要一座好看的博物馆，花费多少多少钱。"如果要说责任的话，这就是一种责任。再如每天大约有8000人到西格拉姆大厦去，因此我们无论如何必须考虑到这样多的人。

问：如果某人喜欢平滑、柔和的形式，他就会设计那种建筑；而别的人也许喜欢很刚劲的形式吧？

你指的"柔和"是因为有太多的朴素的花岗石吗？我很高兴你未将感情掺杂进来。你对我的不负责任不以为然吧？

答：按你自己的意思去作！

我已经对锅炉房放在屋顶上讲了不少废话了。我并不是真指那件事。你们有一种使我们很感兴趣的方向。在美国，最好的学生原来是在建筑协会学习过的。他们有着十分有趣的背景，比我所知道的其他任何学校都更有趣。四、五年之前，我还不大注意建筑协会，但我们都在发生变化。由于创造了这些乖戾的、显眼的、对我们某些人来说有点奇特的形式，你们已经获得了某种名声。我很想知道，究竟是什么革命性动力导致了这种结果？并希望得到一些文字材料；如果你们现在难以回答我的问题的话。

问：在你的哲学中使用"功能的"这个词，是否意味着是指某种法则？

我很高兴你提出这一点。我大概还未形成自己的哲学。这里所指，并非通常意义上的"功能的”一词，而且恰恰相反。例如，一座纪念馆应该象一座穹顶。非功能折衷主义的最好的例子就是密斯的小教堂。他的哲学是，所有的建筑都应相像，因为我们时代的技术要求我们运用钢结构。（其实并非如此，但他说就是应该这样的。）同时，当某人设计小教堂时，其内心的感觉开始是同他设计一个学校或一座工厂是一样的。如果你在美国向其他人提到结构时，他们可能说“这里的人谁也不会去干扰结构”。我不知道你们为何未能利用这里已有的东西，只要它还适用。你们可以用亚当的柱子，索恩的早餐室，还有赛昂（**Syon**）的住宅。为什么不向这些东西学习并运用这些知识于其他地方呢？

我的纽约州立剧院碰到一些问题。你们可以在这间房间之外盖一座剧院，但在林肯中心的那座建筑却是一座歌剧院。2500个观众对歌剧院来说是太大了，因为人们会感到处在一座仓库里。采取老式的、惯常的态度，只是布置座位，这是不可取的。你首先得设计出一个房间，有些像悉尼的长镶木地板，但在45排后座的地方既看不清，也感觉不到任何气氛。然而，视觉并不重要。在露天剧场里你什么也看不见。另一种是电影摄影式方法。建筑是由导演所为，他要符合他的剧情基调。人们所看到的只有由他的想象所创造出来的布景。我在这一问题上持截然相反的态度。我相信去看歌剧的“经验”的重要性。单就人们特别打扮而去看剧这一事实，就有助于我们创造一种特别的“盛会”感觉。你如果到过意大利的歌剧院或者柯文特庭园式剧场以及其他许多类似的地方，你就会对这种气氛深有体会。我并不欣赏巴黎**Salle Pleyel**或者这里的“节日大厅”里所能看到的那种没有建筑艺术、没有特点的音质盒子。彼得·莫洛（**Peter Moro**）几天以前在柏林说，他正在负责柏林歌剧院里的“盒子式抽屉”的设计，因为他已在这里的“节日大厅”中开始这样作了。我必须说，我并不喜欢穿上宴会服装而到像“节日大厅”这样的现代歌剧院去。

问：那不是一座音乐厅吗？

但你能否建一座象那样的歌剧院呢？我们不应该将它作为一个范例，我想你是会同意这一点的。我们应该走向何方？现代的要求在于音质、视线以及结构的明晰性——即流动空间的设想，前厅、入口大厅，还有舞台，全都是一个大空间的组成部分。台口没有了：因为那不是“摩登”的！但我认为这是在胡说。在柯文特庭园式剧场里，就感觉不到是在里面。这在一般的传统歌剧院里都是如此。我认为，铃形平面是个基本的好形式。在拉·斯卡纳（**La Scala**）或者大都会剧院里，有三分之一的座位看不到舞台。我相信，如果我使每个人都能看到舞台，那将成为一个没人愿去的大仓库。

问：可是，人们到剧院去是为了听音乐，而不是仅仅为了穿宴会服装才到那里去吧？

你们看，这里也有一些摩登派！可别相信你所说的是对的。

问：然而剧院是一种高度功能化的使用。你不是并未把功能主义看得很低吗？设计者必须设法使每个人尽量靠得近些，然后以某种方式将他们排列起来。我同意这点，即设计者必须将使每个人看得好的考虑与其他的考虑相平衡，这是一件有得必有失的工作。不是吗？

那的确是一种没完没了的得与失的权衡。总的来说，创造一个人们乐于进去的空间这门艺术，较之使更多的人接近舞台要更为重要。我很高兴，我的业主也持同样的观点。也有的业主要求能靠近舞台的人越多越好，而有些设计者也为此而颇感高兴。这似乎是某种必遵的道义责任。但为什么不摆脱它，并说：作为一种道义责任，应该使人们在歌剧院里感到欣喜、同时又能看得尽可能的好呢？我想补充一点，自从我开始设计纽约州立歌剧院以来，我已经作了我一辈子还从未作过的那么多的让步了。我碰到了麻烦，因为至舞台的距离本应用80英尺，但我却用了100英尺。当然，你们是不会主张一切服从于视线之类，是吗？

问："节日大厅"并非专为音乐而设计的吧？该设计是从内到外的，音质和视线当然最为重要。

它所处的地位略有不同。很抱歉，我老是提到它。但它里头的很多东西使我想起德国的歌剧院。在德国大约有20个这样的歌剧院，他们盖这些歌剧院像是发疯一样，并且为它们而略感沾沾自喜。它们都有这些抽屉并象冰水一样冷冰冰。但从每个座位上都能看得好！

插：德国人比世界上其他任何人种都更加经常地到歌剧院去。它们在戏剧上所花的钱比其他任何国家都多。

我希望英国人能同样这样做，当然还包括我们美国人。我并不想作反对派，但我总想，能否以新的某种方式来继承传统的作法。意大利的马蹄形剧院连同其座位排列方式已经有三百年之久了，恰好经过十九世纪而进入二十世纪。这是否对我们是一个包袱，因而我们应该向音质和视线的新要求屈服呢？某些意大利歌剧院不得不予以烧毁，因为人们在里面既看不见也听不清。他们已在若干年前停止了观看而专注于欣赏音乐。也许我们应该面对重新使人们看得好的问题。

我现在必须离开这里动身去巴黎了，在那里我将要到剧院去的！

10. 祝贺密斯·凡·德·罗75寿辰的讲话

（1961年 2月 7日于芝加哥）

密斯不需要我来赞美或尊敬。对我来说，赞美他似乎太自大了，我只是因有助于把他介绍到这个国家及使他引起世界上的注意所做的那怕是一点点工作而颇感荣幸。

因而，我在这里倒不是作报告，而是为祝贺他的75高寿送上这个以极精湛的书法写在长卷上的贺词。这一贺词来自一些不在本城的他的崇拜者。在这里，我看到在座的有他几百个同事，我想他们都会情愿同我一道这样做的。但我已选出了几个不大常见密斯的人，他们经历不同，是我从几百个中选出的代表。密斯，请您接受这个长卷吧，它是心意的表示，这些签名代表着甚至不在本城而向您投以极尊敬的眼光的成百上千人。

我第一次见到密斯是在1929年。我第一次知道他的名字，是从一本德文的建筑入门书里，我对自己说（那时我是个漂亮小伙子），这个名字很奇特的人看来最了不起。我能记起的其他名字只有柯布西埃及奥德这个年轻的荷兰天才；但我认为密斯才是出类拔萃的。

那时密斯才不过40岁，这个年龄在我们这里被认为是一个建筑师刚刚起步的时候。密斯20年代在柏林的地位是很独特的，他是对现代建筑和艺术进行革命的领导者，他是先锋的时代中最先锋派的报纸“G”(Geotalting 即创造力—译注）的业主及出版商。但他同时也是普鲁士学院的教授和德意志制造联盟的负责人，但这两个组织在艺术上都并未作到他们本应作到的那么先进。密斯是“出了格”的现代派，但他喜欢辛克尔（Schinkel)；他甚至曾带着几分骄傲地告诉我，如果他愿意的话，他本可以成为一个极优秀的学院派建筑师。

鲍豪斯派，特别是功能主义者，那些咬文嚼字的信徒相当怀疑密斯的现代倾向。他们的观点在30年后的今天已显得有些奇怪了：他们认为建筑终于变成了纯功能的东西：建筑是一种技术，并且仅仅是一种技术，即建造建筑物。而艺术是个不适宜的词——甚至在鲍豪斯这个词也禁止使用了一些时候。他们同意福特（Heney Ford）关于历史是一堆废话的观点，因此在鲍豪斯并不研究历史。毕竟，历史又何以能解决当前的技术问题呢？

自然，以这种腔调说话的建筑师创造了比他们所赞赏的东西要有意思得多的建筑。但密斯却站在不同的立场来捍卫建筑艺术，他说，把建筑只当作一种工具看待，这只是工程师的事情。而建筑师的责任是要高出一筹的，这就是解决空间布局问题和满足现时的精神需要。那些日子充满了对这些问题争论的气氛。有人特别固执地相信，艺术是我们这个行当的基本目的。

密斯受到了不少攻击。我记得基斯勒（Kiesler）曾对我说，他们批评密斯是因为他在室内用了整面整面的幕帘，而且是丝绸幕帘。而功能主义者认为幕帘是不必要的。我还记得密斯因在巴塞罗那展览馆的书斋中用了一些大理石块而受到批评，而密斯感到他必须对此进行辩护，故对我说，只有照片上才能表现出大理石组合的叶脉状对称性，同时大理石总是以这种方式摆上去的。他必须去为自己进行辩护的事，在今天看来是很荒谬的。

密斯远离了他的同代人的主流，因而吉迪翁在评论我和希契柯克30年前写的《国际式》一书时曾指出那是一本好书，但过份地强调了密斯的作品。历史帮了密斯的忙，当我们回头看的时候，会发现密斯是头脑清醒、对所处时代的本质看得最清的少数几个人之一。他同时也有力量和领导才能使得他的信念为别人所理解。他的才能没有比在1927年斯图加特的魏森霍夫博览会上表现得更惊人、更典型的了。现在按照对20世纪20年代的事后认识来确定1927年伟大的建筑师是哪些人，这对我们来说是相对容易的。这些名字仍然为大家所熟悉：格罗皮乌斯、勒·柯布西埃、马特·斯坦（**Mart Stam**）、奥德。但是，在1927年却要以极大的预见性来挑选他们，使他们一个接一个地干类似的工作，以便使这个世界能看到新的、国际性的建筑究竟是什么样子。

还有，密斯将他的小组召集起来，让每个人建一座独立式住宅，都是平屋顶的，并且用当时流行的拉毛水泥材料。即使到现在，你们如果作为历史课的一部分而去看看差不多一代人以前的那些作品是何等的伟大，你们都会被吸引住的。

那些年代所达到的顶峰当然是巴塞罗那展览馆，我很遗憾未曾看到这一建筑。密斯在这一个设计中即确定了他几十年的设计思想。他总结了结构的新观念：独立式柱，骨架及其构造，独立于承重体系的新墙体。新的设计艺术则是：空间互相流通，非对称的并列，没有轴线的空间层次；新的装饰，自身具有丰富感的大理石。当然，这座建筑不止属于20年代，它将是永恒的。让我引证一下现代建筑早期的老前辈贝伦斯的话，密斯曾在他手下工作过。贝氏说：该展览馆将有一天被认为是20世纪最漂亮的建筑。今天，在差不多一代人之后我必须说，我没有理由对这一预言作任何修改。

11. 国际式——死亡抑或变通

（1961年 3月30日在纽约建筑联盟论坛上的讲话）

"国际式"这个词已有了各种经历了：它已为一些历史学家所接受，并且为吉迪翁（Giedion）和多数建筑师所默认，也许你们今晚在座的多数人也如此。例如，在伯查德（J.Burchard）和巴什·布朗（A.Bush-Brown）所写的美国建筑史中指出："'国际式'是给新建筑运动贴上的新的、不幸的标笺，这一运动尚未从该标笺中摆脱出来。"

因此，我想首先要解释几句，在这个词的发明者看来，它的含义是什么。巴尔（Alfred Barr）和希契柯克曾于1931年第一次采用了这个词。那时我们正在为20年代象柯布西埃、密斯和格罗皮乌斯这些人所做的思路清晰的工作寻求一个名称。十分明显，这是一种风格。同时也十分明显，这是与战前那些个人主义者的工作相区别的。很自然，这一工作的实践家们当时并未想到这是一种风格。

建筑师都不愿意感到是在受约束中工作。然而当历史上出现了某种风格之时要加以指出，却是历史学家的责任。正如希契柯克在我们的书中指出了"国际式"风格，这是自从在新结构基础上发展起来的哥特式及仅仅在外表上变化的文艺复兴式以来的第一种风格。钢和混凝土框架最终变成了一种新的风格之本体。轴线对称、锥形构图为从非建筑领域诸如构成主义、立体主义以及风格派（de stijl）所派生出来的美学口味所取代。装饰品完全被拒绝采用，屋顶都是平的，柱子也都露了出来；全都是梁柱结构、框架式。柯布西埃的棱柱体就是当时的形式。机器成了崇拜的偶像——高粮仓风行一时。这一运动是在神奇的1922年由于柯布西埃的Citrohan方案、密斯的办公楼方案以及格罗皮乌斯和梅耶（Meyer）的芝加哥论坛报方案的猛烈冲击下开始的。这是一个向心力强的运动，其威力使之延续至今已近40年。这的确是一种风格；文艺复兴的高峰期相形之下仅仅延续了30年，其后的手法主义就把它的格调降低了。而国际式甚至比30年前巴尔和希契柯克所能预料的还要长。

何以导致这一伟大的风格如此突然地出现，有待历史学家们在今后的几十年里逐渐弄清。很显然，某些内部的裂变是注定要发生的，例如想一想那些曾躺在建筑的后院里未被承认的钢材和混凝土吧；还有，我们欢迎将19世纪及20世纪初的那些古怪的装饰加以废除。此外，在第一次世界大战以前很久，一种社会清教主义的潮流就得以形成以反对繁琐装饰的、重复的、复古的风格。突然之间，一幢建筑必须首先适应它的功能，在此基础上才能论及设计得好或是坏。让我们来引述一下帕夫斯纳（Nikolaus Pevsner）的论述——帕氏是30年前自封的"现代派"，同时也保持了他30年来的信念："这一社会责任的新观念已为功能主义的原则所表明，那就是形式服从功能的原则。按此观念，一幢建筑必须首先适用，无论其外部或内部，都不应有降低其良好的适用性的东西；或者反过来说，外表的美观只能在保证最充分地满足适用的前提下加以发挥，而绝不应损及适用。"

建立于这一清教主义之上的，是从维俄雷勒丢克（**Viollet-le-Duc**）传下来的结构表现清教主义（**Puritanism of Structural expression**）。结构应该显示出来，外部应该表现内部。甚至结构的经济性也很重要：柱子要尽量小，要采用最经济的大跨度等。密斯曾严肃地指出："我希望你们能明白，建筑学与形式的发明是无关的，它不是一个为孩子、年轻人或老年人而设的游戏场。"

"国际式"蔓延再蔓延，远远超出了希契柯克在1932年所能观察到的范围。差不多一代人已经过去了，现在我们是在大都会博物馆里（而不是在现代艺术博物馆那个产生这一名称的地方，我对此颇觉遗憾），讨论国际式是否已经死亡；如果已经死亡，又是否还有什么东西从其遗骸中派生而出？

这一风格蔓延再蔓延，并且正像将要发生的那样，开始走向衰弱再衰弱。对此，我并不认为它已变坏了，但外部的情况、人们兴趣的发展已广为延伸；今天，这一风格差不多在达到它最为广泛的影响之时，却已被那些或老或少进行新的冒险的人们所忽视。

让我们回顾一下30年前希契柯克所列出的4位伟大的奠基人在其后的年代里所做的工作，到是饶有兴味的。

柯布西埃现在以厌恶的眼光来看待20年代。事实上，他是第一个转向反对轻巧、干净、合逻辑、理性主义的，转向随意的、雕塑性的形式，直至在朗香（**Ronchamp**）盖了一幢被人们称为根本不是建筑的房子；确定无疑，这些都不是"国际式"。有才华的荷兰风格派奥德在30年代转向反对现代运动的理论，并于1939年在海牙建了"壳体建筑"，其风格较之伯拉格在50年前所建的更富装饰性，更浮华繁琐。格罗皮乌斯及其设计班子保持了国际式直至如今，现时也用了洋葱式穹顶。当然，纯粹国际式中之最纯者是密斯，他图板上的最新建筑是型钢构架，以玻璃填充的。他也是我们中间的最强者。

究竟发生了什么事情？柯布西埃太像一个雕塑家而难于去从事直线性建筑的设计；同时在棱柱形的梁柱结构中，又怎能创造出有个性的建筑呢？密斯的伊利诺理工学院小教堂我想使大家都很吃惊。奥德从不喜欢现代建筑及其功能主义的束缚，一当可能即离此而去。格罗皮乌斯的设计事务所设计的带穆斯林风味的建筑，是全国范围内一种新历史主义的组成部分。英国人发明了这个带大写字母**N**和**H**的词"新历史主义"（**Neo-Historicism**），用以表明正在发生的事情；即使他们并不喜欢这种事情，他们也总是喜欢起名的。

那些现已逾70高龄的伟人们所遵循的繁多的方向，给我们这些晚辈表明了已经发生的事情。我们各奔一方，走入了自己的道路，这在某些人如帕夫斯纳看来，似乎是反理性的、新形式主义的，天晓得从30年代的观点看来，这是多么邪恶。一个国际现代建筑协会（**CIAM**）的忠实信徒罗杰斯（**Ernesto Rogers**）悲叹，在一代伟人之后这里只有一片空白。那么，我们这些人是干什么吃的呢？

很显然，我们得干下去。怎么个干法就是今晚的主题，也是班纳姆间我之间意见极为相左之处。我想敬奉他几个想法供他作靶子。其实我宁愿倒过来，由他先讲，但我却抽中了第一签。我倒愿尊敬他，使用他的术语，以便他易于推翻我的论点（我得附带说明，我之所以用他的术语，也是因为我自己的术语一个也没有。不知何故，我们这些生活在这个国家的人，不懂得如何沉湎于英国知识界那种令人陶醉的推理之中）。

言归正传。我关于近代的描述是简单的，但可以据此进行推断，预测未来。现在，有三种很有趣的建筑设计方法，互相绞缠在一起，虽然无一可称为一种风格但都很活跃、向前看，并且我认为它们生殖力旺盛，孕育着未来的形式。主线方向仍然是最强有力的国际式。**SOM**

的最好的设计变得越来越好：例如空军学院不可能做得更好了。耶鲁大学的新图书馆是对棱柱体的转向。贝聿铭的纽约高层住宅干净利落，且又很精巧。在西部，基林斯沃思（Killing-Swarth）和埃尔伍德（Ellwood）正在探索小住宅的新世界，我们东部的人却对此一无所知。毕竟，我们无法将这一恢弘的、现代的、有40年历史的传统抛掉。那么，谁将设计纽约的下一幢直上直下棱柱体式摩天楼呢？爱罗·沙里宁有这样的工作，上帝给了他力量。自从1930年莱斯卡兹（Bill Lescaze）设计了费城的储蓄基金会大楼以来，国际式已为摩天楼设计提供了很多可行的"文法"。现在，沙里宁将怎么办？

我认为第二种伟大的潮流是英国人有时所称的"野性主义"（Brutalism）——尽管不是个好名称，但总算个名称。那是一种态度而不是一种风格，甚至也不是一种造型手法。它导源于尽可能清楚地、简炼地适应建筑的环境效果这一尝试。在形式上，野性主义善于运用巨大的混凝土梁（某英国评论家称之为"肌肉屈曲"）和窄窗户，形状怪异并点缀于大的砖墙之上。其作品内外均颇有动势，大量的混凝土成片地暴露出来。这是功能主义的变体。就形式而言——在我看来，形式总是跟随形式而非功能——他们的设计是善于从柯布西埃的Jaoul住宅得到启发的。规划的国际式构架的韵律在此已不复存在。追求是强烈的、有创见的、带有某种粗犷性。在我国，可以从耶鲁大学的鲁道夫（Rudolph）和匹兹堡的卡泽拉斯（Katselas）的作品中找到极好的例子。当然，在英国很多野性主义的设计均未建成，但这种状况为时已不会太久。

然而出乎意外，野性主义与另一流行趋势即英国人所谓的"新历史主义"融合了起来。在很多人看来，这种回复历史兴趣的思想是对"现代运动"的一种侮辱。我得声明，不是这么回事。在鲍豪斯时期以及在哈佛大学的早些年代，历史并未当作恰当的学习科目；而今天情况又是多么不同！我发现我们大家都已沉入对过去的回忆之中。我们今天不能不知道历史。它是一种新的刺激，新的自由感。比起我们来，英国人和意大利人更喜欢每隔一个较短时期就往回看。他们回看风格派，回看譬如说晚期柯布西埃派。但从本质上说，新的历史观点是一种新的、刺激性的推动。我们再也不必以一幢建筑所具有的历史感的多少来作评断了。新的历史主义不是新巴洛克，不是反国际式的，也不是反现代主义的，它仅仅是略反功能主义而已。它同时也略反理性主义，但就这一点来说，我们不是仅仅在随当今哲学思潮的大流吗？我们不愿憎恶过去；我们感谢前辈们的英明指引。但我们应该更自由些！

12. 关于三个工程的设计及其他*

（原载《**Perspecta**》第七号，1961年出版）

在一种漫不经心的、沉闷的设计气氛之中，我很难描述我的作品。看来，我不能不受古典的启发，首先是对称、法式、明晰性。我不能总是抛出一些像纸板作成的那种方盒子，也不能将空调管道的假功能主义安排用于严肃的设计之中。

与此相反，我再也不盖玻璃盒子了——那种讨人喜欢的、可派各种用场的玻璃盒子!!即那种随处可见的、通用的玻璃盒子。我们生活在另外一种时代。就如同我年轻时代那些巴黎学院派人物怀念他们的同党及追随者一样，我现在却很乐于回顾；是的，甚至有某种"怀旧病"，回顾二十年代那些阵线分明的日子，即现代派对折衷派，关于全球适用的万灵药方的梦想，标准、型式、规范等这些可能"解决"建筑问题的因素。

现在，我们已经知道我们不能解决任何问题。我能够相信的唯一原理就是"不确定性原理"。只有勇敢的建筑师能够把握信念，说话诚心诚意。就个人来说，我对秩序和明晰性的追求必将能够满足。我找不到任何可以照抄的形式以及好的、适合的例子。我的同代人中，也没有谁能够给我以清楚的指导。我们这代人中最有名望的那些人今天设计了一幢这样的建筑，而下一次则干得与此完全不同。这就使得批评家很难断言："这必定是某人的建筑，它具有某人的风格或手法的标记。"我们似乎比遭到贬责的19世纪更甚，好像天天都在创造新建筑。我们究竟处在何处呢？

我自己的态度已表明于这三幢建筑之中。一个建筑师往往很难对他的作品加以言传。我若写点关于沙里宁和鲁道夫的文章要比写约翰逊来得容易。我真的不知道我为什么要这样来设计这些建筑，而别人却反倒可以告诉我这一点。

这三个工程代表了我目前趋势的两个极端。最清楚的、最新的发展是水榭和塞尔登美术馆（作品1、作品8）。从照片上看得很清楚，两幢建筑的"文法"一样，唯一不同的是，其一是对称的内装修——使壁柱突出于柱子。（很久以前，戈热认为壁柱是一种假象！现在可以回答他："是的，但那是多么令人喜欢的、有用的假象。"）另一个则是花哨的、开放的，并且只是内含对称的。一个是手刻灰华石，另一个则是预制混凝土。

文法是相当古典的，而其想法则来自对德劳勒·圣·塞弗林（**Delaunay St.Severin**）的系列的观察。他的有尖的哥特式拱券使人联想到加宽的基座。柱的凹边来自将四面都作成

---

* 《**Perspecta**》是耶鲁大学的学生刊物。而第七号则是"国际式"在美国流行以来的一份关键性文献。它不仅包括了当时主要的一些"形式创造者"（**form-givers**）的作品，而且附有对他们的作品的评论。在这一集中，约翰逊是以他的最讨人喜欢的中年时期作品为代表的，包括了他的纽坎南住宅中的水榭、内布拉斯加州林肯的塞尔登美术馆和华盛顿市的祝福小修道院方案。

本文原无标题，而附于对约翰逊的作品介绍之后。现标题为译者所加。

拱形的考虑，而没有拱墩或拱腹。再加上盛期哥特式（High Gothic)的愿望。问题通常在于转角柱。凹曲线，檐口是不容考虑的，因而它总是凸形的，弯向典型的凹形基座。拱券本身碰巧是椭圆，用徒手画出，然后进行计算。其模数，因为是“非巴洛克”式，故显得很“现代”。（希腊复兴式的模数通常在转角处加强，而这里则没有）

塞尔登美术馆的重要之处在于其中心庭院。将功能清楚地分配到四个空间，这样庭院本身就形成了第五个空间。大沙龙统揽了所有附属的空间，楼梯井也设于其中。这种统揽意在打消博物馆给人的疲劳感，同时也能振奋精神。镶板平顶的“拱形”也是用灰华石雕制的，这将能造成一种纪念性气氛。(说不好是古典的，还是新哥特式？)

水榭是一个玩物。首先，它是超小型的。一眼看来好像是12×12英尺的方形单元，而实际上是 8 × 8 英尺。其想法是使来访者显得如同巨人（这一想法来自曼图的“矮子会所”)。其意图是打算将小型混凝土小品置于某些单元之中。中心小潭（高于周围池塘）有放射形的小沟，这是各个单元之间的路障，同时也是显著的特点。小沟里的水流到金属薄片上，发出柔和的叮咚声。看起来有 9 英尺高的天花，实际只有 6 英尺高，很不确定。池中设100英尺高的喷水柱，随处可见。

该设计的意图在于激发我们都能感觉到的小型化及复杂化的乐趣、隐身于柱林之中的愉快感、拐弯抹角从一个亭子到达另一个亭子的新奇感以及一个小岛、上有小潭的意境。整体构思本身是方形的自由组合，或有顶，或开放，亦或只是水体。有顶部分的构成元素其实是对称地布局的。由于手法相当“现代”,就避免了巴洛克意味；即令有含蓄的“月门”,但也断然不是中国式的。我当时只是想，即使在某种程度上减小尺度，则创造一种令人喜欢的拱顶仍然大有潜力。

祝福小修道院也有些新东西。平面显然是依循了历史的前例——狭窄，又长又高（90英尺）的筒拱形教堂，十字形耳堂。但它也是纯功能性的，因为其形状最初是出于女修道院的礼拜仪式要求。有什么必要变化呢？这是非常传统的（如同乔治式赞美诗一样),在建筑中必须加以保护。而保护其形状——满足宗教仪式的长度、高度并不一定与现代形式及材料相冲突。材料拟用混凝土，包括柱子、扶壁、填充体和拱券。一部分墙体是垂直的，另一部分则是倾斜的，取决于随柱子还是随扶壁而定。柱和扶壁都是V型薄混凝土，而扶壁的选择并不是从支承柱子出发。横断面很像一台龙门起重架。中殿及后殿的端部是平的，应该嵌彩色玻璃，但仅仅是模糊地半透明的，因为主要光源来自侧廊的天窗，把墙面照亮。没有光线直接进入东部的圣坛。

伊德列怀尔德（Idlewild）联合航空港的设计竞赛，我败给了贝聿铭。我的设计或多或少与祝福小修道院相类似。柱的序列、柱的组群是该设计的主要之点，使得人类可以理解的空间被创造了出来。其原因是该项目非常非常的长——有1100英尺。主要的问题是，对于如此巨大的空间，其所限制的天花高度47英尺却显得很低。为使它看起来高一些，我们没有采用12英尺高的桁架从而将天花降至35英尺，而是创造了一种正弦曲线的双波屋顶，就像柱群一样，强调出十一个开间。每个开间立面的设计都是对称的、古典的、或者采用古典手法加以安排：一层地面是石块，门在中间；小块的窗玻璃及厚重的窗棂在屋顶下降的檐口线处以45度角转弯。外形特点则是35英尺的悬挑。

该平面与多数新的航空港不同。下机旅客通过“大厅”到公共汽车或出租小车上去。现在所时兴的是，不让上、下机的旅客混在一起。我很喜欢那些设计纽约中央大车站的天才们，他们使我们从火车上下来而进入“大厅”,在那同一大厅里其他人则差不多上了车。那是多么壮丽的伟大门户空间，来访者何尝不一睹为快呢！

我们时代的伟大航空港必然会设计出来。47英尺高是伊德列怀尔德航空港的限制。为了神圣的宏伟性，我们应该发起公众签名，以提高该航空港中心塔的高度，因为这一高度限制了该航空港其他建筑的高度。

为什么航空时代不应有文艺复兴时代的光辉呢？纽约中央火车站及宾夕法尼亚火车站在它们衰败之前其空间能使人们的心灵唱歌，当交通增加时也不致象我们的航空站那样显得太小。我们所丢失的东西，是公众对于宏伟性的爱好。不要大教堂？甚至也不要任何伟大的公共原子工厂？什么是我们这代人用以代替旧时代人们常去消遣的宫殿、教堂或者卫城这些东西呢？并不是所有的人都对贫民窟的清除及停车场感兴趣的。问题当然是有些夸张。没有答案。每一种文化都将赋予纪念碑以它的期望。

13. 我们专业的七句行话

（1962年10月12日在美国建筑师协会东北区第11届年会上的讲话）

我们今天的建筑艺术出了什么毛病呢？我想我们都多少对此有些不安。处于这个空前富足的社会之中，我们的艺术是否也是世界上从未见过的最伟大的艺术呢？

以问代答——不是这样！

如果你愿意，请将我们的艺术之现状同我国当今的绘画及雕塑艺术相比较。在过去的时代，我们从历史上知道，建筑是母亲，是其他艺术之守护神（**Patron**）。虽然米开朗基罗和贝尼尼（**Bernini**）都既是雕塑家又是建筑师，但哪种艺术在他们的时代被认为更主要，这是确定无疑的。

今天，我要向大家提提西雅图的博览会——画家和雕塑家在那里领先了。我并不是说博览会的建筑师是低能的；恰恰相反，我认为他们很棒。但总的印象，特别是对我们这些从东海岸来的外乡人来说，则是画家和雕塑家们的思想较为灵活开放，并以真正新的方式完成了在画布及石头上表现我们的艺术。他们为我们创造了丰富的、宏伟的形式。

我感到，建筑师们受到了某种妨碍。他们不能像1851年那样建成水晶宫，不能像1889年那样建成埃菲尔铁塔。他们不能像1893年那样建成“白城”（指1893年芝加哥世界博览会建筑群——译注），也不能像1915年那样建成旧金山的美术宫（**Palace of Fine Arts**）。

我敢肯定地预言，1964年纽约的景象将更加令人失望。在那里，三十年的污水管强加于新的平面。保罗·曼谢普（**Paul Manship**）的粗钢球取代了西雅图高矗欲飞的“空间指针”（指电视塔——译注）；在那里将根本不会有美术方面的展馆。对于世界博览会的文化，就只这么多了！

当今的画家较之我们有着各种优越性。除了能够刮掉他们的失败之作以外（我们则不可能使长青藤长得足够快以爬满失败的建筑），他们用以绘画的材料可说花不了几个钱。他们也没有那些门外汉的委员会来告诉他们做这做那。他们既无限期，也无预算。的确，一个建筑师比一个艺术家的日子更为艰难。

事实确乎如此。但是，也许能够找到一条比我们已经做了的更好一些的自救之路。如果艺术家们很自由，那么我们建筑师能否使自己更自由些呢？如果我们有单调乏味的苦差事和实践方面的头痛问题，那么来一次抗拒是否可能呢？难道就没有出路了？

我认为出路是有的。我这样说，在我们本世纪中叶富裕的美国，我认为有七种理由，有七种（也许更多，但我喜欢七这个数字）生活的价值观，七句行话，也许能改变我们的状况。你们记得，一句行话就是一种标准，一句口号，一块试金石。好啦，我将举出我们文化价值观的七种长处，而回过头来从其本源上看又都已变成了作为一种艺术的建筑实践的绊脚石了。所有这七种都是好的、清晰的长处，但若纳入行话，就会造成危害。

很显然，第一种就是功利性（Utility）。当然，谁也不能说一幢房子无需有用。但是，危害却恰恰在于到此为止。我们自己对自己说："啊，至少我已设计出一幢有用的建筑了。"很遗憾，我们所设计出来的百分之九十的建筑，都仅仅是"有用"的而已；从本质上来说它们都不具备建筑学的价值。那么，我们在其余百分之十的建筑中是否尽了足够的努力呢？

我们有各种理由来抱怨我们生活的时代。这是一个物质至上主义的时代。中世纪的艺术和工艺品都是运用在教堂建筑中的，并没有运用在办公楼里。我们生活在商业的和学校校务委员会盛行的世界里，他们想要的正是有用的建筑。事实上，"功利主义"一词是对我们的价值尺度所作的定义。我们实用主义地检验别的每种价值观："这有何用处呢？""他的意思是否真的意在生意呢？"如此等等。这些都是我们文化的重要问题，难怪我们建筑师确实好比大机器上的一个小齿轮，受其影响并离开了艺术。

实际上，我们美国建筑师这个齿轮比世界上其他任何地方的都要小。在这个国家里所建的百分之九十的建筑体积，是在没有建筑师的情况下建成的。我不知道这是真是假，但我怀疑，那剩下来的百分之十中，又有多少是有名有姓的建筑师真的"设计"（带引号的）出来的呢？多数建筑都有一位建筑师在设计图纸上签章以符合法律规定，但其他作法则是由成批生产的公司制造（**manufactured,** 如果能用这个词的话）的，他们只是将建筑师作为后屋必须的怪物（**necessary evils**）而加以雇用。

我们总是寡助。一边是我们生意的业主，另一边则是我们无收益的艺术爱好。但愿我们不至被过份地淹没。如果我们有假价值的意识，也许我们将抵制得更好。

门德尔松（**Erich Mendelsohn**）一次曾说："一个建筑师是因其一个房间的建筑而被记忆不忘的"。推论也许是，一个建筑师最好的作品是在非效用的或者彻底反效用的建筑之中创造出来的。我所获得的我们这个专业的两项奖都是给予反效用建筑的（**anti-useful buildings**），即印第安纳州的无顶教堂和以色列的纪念碑式的核反应堆。我并不认为晚辈们将对我的学生宿舍及办公楼感兴趣。附带说明一下，我最著名的住宅，即我的玻璃住宅如果不是反效用的建筑的话，至少也是非效用的建筑，或者至少它经常被指责为是那样的。

第二句成问题的行话是针对第一句的，即称之为"经济"的价值观。应该说，建造得便宜一些当然是一种优点。但是，这是艺术吗？难道世界上所有使人记忆难忘的建筑不是造价都很高吗？有一次我曾计算过，如果我们要运用美国的天才和人力以三十年时间来建造一座纪念碑的话，那么相当于帕特农神庙的造价将达到200 亿美元左右。的确，与花费400 亿去月球旅行一趟比较起来，这个数字倒并不太多；但从我们这个专业的小心眼的眼光看来，那可是个天大的数字。想想看，那么多大理石、那么多青铜！

再则，为什么我们不应该花钱呢？我们的经济需要上升，我们的城市需要更新。美哉**WPA**工程！美哉文化上升！首先美国的城市可能会给我们以更深印象。我们甚至会同伟大的玛雅文化相比。总之，各种文化是以各自昂贵的建筑而为人们记忆不忘的。

我们建筑师所能作到的也许总是很少。我们都很讨厌地习以为常，往往在最后一刻削减我们的平面：为什么不取消景观及绿化、挡土墙及柱廊？建筑只应该为了使用并且要尽量便宜不是？

"便宜"（**cheap**）这个词把我引入第三句行话："材料先进"（**Material Progress**）。为求"便宜"这一优点，使得我们用砖代替大理石，以水泥块代替砖，以铝代替青铜，以两英寸厚的隔墙代替 6 英寸厚的。这种加括号的"优点"导致另一个问题，即新材料的魅力。崇拜先进带来了某些好东西，譬如钢和玻璃。但新奇并不一定好。塑料制品并不总是又好又漂亮的，但花岗石始终是又好又漂亮。密斯判断材料是看其漂亮能耐多久：上等墙纸、大理石、青铜，其漂亮能保持经久不衰。

技术亦复如此。一个双曲抛物线屋面是一种新技术，但它是否能成为艺术？有时可能成为艺术。粗石的过梁也是这样（如英国的古代石阵！）。预制混凝土这种近10年来的万灵药真是一种糟糕材料；并且很奇怪，它通常比石灰石昂贵，至少在纽约是如此。

但是我们又一次生活在一个进步的时代，它再一次消磨了我们的灵魂。我但愿能同它斗，不过让我加上几句，我自己已经迷恋上所有这些优点了。当我为一个满脸笑容的业主建成了一幢较便宜的、较新的建筑时，我高兴得哈哈大笑。我从未建过预制建筑。当一个精明的、有某种新玩意并能抓住我对进步的癖好的推销商到我办公室来之时，我总是很高兴的。我们不能将自己从社会中超然出来，除非真正的伟人如弗兰克·劳埃德·莱特或勒·柯布西埃也许能作到这一点。

由于我们相信“进步”，相信技术，因而相信人类良性之进步。我们是彻底相信这一点的，因而我们最杰出的建筑学校现已改成“环境研究学院”(**School of Environmental Studies**）了。在此骤变之际，我还尚未听到艺术家们有何异议。在我们这个社会向善主义和实利主义的世界之中，科学地分析和物质地改进我们的周围环境较之搞“爱虚荣”的建筑和无用的纪念碑更重要，这似乎是非常自然的。

这句“社会进步”的行话（我提到的第四句）完全无可指责。只有一个很低的声音仍然说道:“艺术在哪里?”（也许这个声音现在大起来了，因为我们这个集会已被称为“建筑之艺术”——**The Art of Building**）。难道我们不能在“艺术”这个词和“进步”这个词的第一个字母用大写吗？我们能否不再要那种不能使人共鸣的建筑物呢？我们曾经是这样作的。华盛顿的规划及古建筑我们仍然要去参观，还有新英格兰的教堂、南方的公馆、加州的慈善机构以及近期最光辉的无效用纪念碑——旧金山的博览会建筑群。

这次集会，我个人拟以1815年的旧金山美术宫作为试金石。它代表着我的标准。它是我当前的“口令”。它仅仅是为了壮观而建；它是昂贵的，要拼装完成还要花费甚巨。它代表着社区的意志，对旧金山人来说是一种纪念碑式的象征。这是一个伟大的、公众的象征，几乎像一座庙宇。这里没有唱进步与技术的高调，甚至与此相反。它的作用不是使穷人得到好些的厨房。它是非效用的。它具有一种朴实的壮丽。旧金山人正在着手保护美术宫，他们不像纽约人那样，连动动手指头以拯救已经黯然失色的宾夕法尼亚车站的事都不肯为。为什么要保护美术宫呢？我回答，提出这样的问题就很奇怪。除了为艺术之外，没有别的理由。

我设想，住宅、道路和工厂确乎重要得很，但建筑之艺术却不会因这类研究而有所进展。我们的确不知道希腊人是怎样生活的——某些人告诉我们，那是像猪一样生活的——但我们记住了他们的神庙，记住了他们的艺术，记住了他们的诗歌。但愿我们不要被材料的进步冲昏了头脑因而却忘了建筑的艺术。

我们的文化模式之另一结果是我们的第五句行话：我们的建筑应民主地至少为大多数人所接受。在最糟糕的情况下，这一长处将导致令人作呕的流行书刊一样的虚夸无益。但问题本身是合理的，谁都不想作没有建筑的建筑师。我们都不是隐士，而生活于非禁欲主义的社会之中。我们合乎常理地希望在这种社会中如鱼得水。我们喜欢被人赞扬。但是，我们不是更喜欢这种赞扬本身的完善性吗？我们也并不就为了能在《建筑评论》上发表而设计吧？我们也无需为斯托勒(**Ezra Stoller**)的一张彩色照片而精心设计吧？我们的目的并不仅仅是为了赶时髦吧？我这是对我们的大多数而言的。很明显，对少数人说来，完善性与非时髦倾向真正意味着什么。路易斯·康和密斯是生活于时髦世界之外的，我们不是因此而更加赞赏他们吗？也许，有时候站在群众的对立面并非我们建筑师的职责吧？

今天的群众鉴定（**mass identification**）之另一危险，即被莱特称之为暴民统治的东西，就是对我们所谓的既成体制即生意世界进行的鉴定。这一点易于被接受，但“民主资本主义”这个术语也可能是危险的。“我们必须赚钱，难道不是吗？”“我们必须得到那份工作以支付我们的经常费用。”当然，这些都是要解决的问题，但却于建筑的艺术关系甚微。你们也许还记得惠斯勒（**Whistler**）对一个青年画家的回答。那画家曾将一些低劣作品给他看，年轻人辩护道：“好啦，一个人总得生活呀。”然而惠斯勒回答道：“那倒不一定”。吃饭并不比艺术更重要，罗马人曾这么说过。

很快，在市场经济的影响之下，我们建筑师也开始以美元收入的多少来计算我们的成就了。某个建筑师——让我姑隐其名——一次曾对我说起他一年挣得了60万美元。在情理上，他几乎应感到羞愧，然而他却对于这一成功的标志感到高兴，我也得承认我真有点羡慕。这真难以想象，羡慕那么几千块美元。我应该羡慕的，仅仅是路易斯·康、柯布西埃以及那些用金钱无法相比的不朽伟人。

但建筑师更像别的普通人。当宽广的城市展示在我们面前时，我们会被诱惑。各种原因使得我们成帮结伙，甚至在法律允许的州里组织股票竞争。我们有自己的组织网络，有各种做大生意的工具。美国的贪大之风压倒了我们。事务所的头头们再也无法从事设计和建筑实践了，相反他们却忙于在全国飞来飞去以“出售”他们的工作。对于十分重要的项目，事务所头头要组织设计“队”（即后屋的练习生们），还要挑出他自己和业主可能找出的毛病来。建筑于是“变成了”生意——纽约麦迪逊大街上的那种生意。

建筑甚至被我们的某些知名艺术大师辩解为设计队的产品。据说，建筑对于单个艺术家来说是太复杂了，因而组成设计队是必要的和明智的。这是一种派生于商业世界的奇怪思想！你能设想，米开朗基罗在他那个时候能组织一个设计队以完成圣·彼得教堂，从而做比他所可能做的多得多的工作吗？难道马蒂斯（**Matisse**）也需要一些人帮助他完成凡思（**Vence**）的小教堂？你能想象，这些艺术家会怎样回答你呢？你们听说过什么莱特设计队或柯布西埃设计队吗？对建筑方面“名家独唱”的攻击是来自那些并不喜欢建筑的人。回答这些人是很容易的，让我们引证一下伟大的荷兰建筑师奥德的话吧：“他们想要用来代替名家独唱式建筑的东西，难道是合唱式建筑？”

也许这就是在美国我们所能作到的一切。千真万确，很遗憾，单个的、有艺术才干的年轻人在玩弄经济、预算、造价削减、赶时间、保期限这些把戏方面，确是可悲地不足，而我们现在的业主们却十分精于此道。现在非建筑的艺术家通常是非实践的幻想家，而实践的人并不完全信任他们，这也许是有道理的。作为艺术家，我们只能完成我们的顾主们坚持要的那些东西。我们不能企望他们在一个晚上变成麦迪西斯（**Medicis**）和朱丽塞斯（**Juliuses**）（指14～15世纪意大利的艺术鉴赏家和赞助家——译注）。我们不能脱离我们的时代。

然而，难道我们不能为艺术——为我们的艺术而更加努力地奋斗吗？除了为我们的艺术而奋斗之外，我们还要干什么呢？这不仅指我们每个艺术家而言，而且也指在我们专业旗帜之下的组织——美国建筑师协会。我们把自己当成“服务行业”——一种丢脸的、推销商式的用语。这当然是一句行话！“服务”诚然是一种优点，如果我们不去服务，我们将成为很糟糕的建筑师。应该想尽办法来服务。但是，服务要走多远？我们是不是要把帽子拿在手里去敲我们业主家的后门呢？我们能否比富勒一类人物高出一筹呢？又能高出多少呢？“夫人，您要一个洛可可风格的闺房吗？那当然可以，夫人。”“发展商先生，在您的发展计划中，您要一点分层殖民式牧场住宅吗？那当然可以，先生。”“银行总裁先生，您需要每年增加一百万元收入，因而想把整个街坊盖起来以便使您的住宅一点不被人看见吗？那当然可以，总裁先生。”

胡德（Raymond Hood）在二十年代告诉我，如果有人要他在现代摩天楼上安上 个 哥特式入口的话，他是很愿意这样干的，他说：“难道我们的职责不是为业主服务吗？”今年，我们的领导者们则要求我们扩大服务范围。相反我尚未听说过他们打算签发一纸扩大艺术家工作的号召！看来我们应该自己组织一个愿意同我一起干的五、六个人的委员会，叫做“在工作时间以外花十分钟考虑建筑的艺术问题委员会。”再一想，这个委员会的名称可能太长，而我们的A I A 全国总部大概绝不会同意的。

我们倒不必走得像莱特独有的古怪脾气那么远。你们记得，他曾说过他的确是傲慢的，但他宁可要诚实的傲慢而不要虚伪的谦卑。他失掉了很多业主。然而较之多数他的同代人来说，他将更加被人们记忆不忘，并且将正是因为他的与我们这些人的实践相反的那些优点而被记忆不忘。

这就使得我们引出如下的问题：我们赖以生存的这些长处，对我们作为艺术家来说真的有好处吗？今天我已经举出了七个这样的长处，七种有益的观念，七块试金石。我们天天运用它们，为我们自己以及为这个世界而保护我们的工作——这就是七句行话。

我们已谈过关于“效用”这一长处，但我们发现非效用的往往是最美观的。谁能去使用帕特农或者梅贝克（Maybeck）的宫殿呢？我们已谈过了关于“经济”的问题——但伟大的建筑通常是非常、非常昂贵的。我们已谈过了关于材料先进的问题，即我们应该运用最新的技术、最新的材料；但花岗石和青铜不仍然是最漂亮的材料吗？我们已谈过了关于社会进步的问题，老天知道我们需要这样；但艺术不是比生命更加长久吗？艺术不是超越于社会价值之上吗？我们曾提到“为大众享受的艺术”，但这不是变成了仅仅是一种为杂志所赞同的普及竞赛吗？我们曾提到为我们的家庭挣钱的必要性和美德以及像做生意一样进行组织的必要性；但当我们实地这样做的时候，不是觉得越来越没有时间去思考、画草图和设计——简言之没有时间去为艺术着想了吗？最后，我们还提到过“服务”的美德，那是贴切地将我们置于推销商和外墙装饰师等同的地位。

不能这样！在我们的文化领域，画家和雕塑家比我们要幸运一些。没有任何这类难堪的困扰能限制他们的思想。无疑，他们的地位甚至在市场上也已得到了承认；绘画的价格在过去二十年里已经上涨了百分之一千三百，而汽车才上涨百分之四百。这是我们的那些生意人对绘画艺术的极大赞颂！作为建筑师，你的净收入是否有了类似的增长呢？我连问都不必问。

我们作为艺术家，是遇到了麻烦。不应把我们作为生意人而提及我们的困难。当然，这不是我们的过失而是时代的、业主的以及如此断然地同我们作对的舆论气候所造成的过失。我们的地位低下。就纽约而言，为什么医学专业的成员就有特殊的汽车牌照呢？新闻专业的成员也能在他们汽车的挡风玻璃上挂上“自由”的牌子而随意停车却不被罚款。但我们则经常因在工地上停车而被作为违章罚款。我提到停车问题是经过考虑的，因为这在美国人心目中是最可贵的地位之象征。对我个人来说，能买得起一辆长形黑色Cadillace 牌汽车并雇司机驾驶、有低号码的特殊牌照以及某种可以到处开的标记的那一天，我是等不到了，只能做做白日梦而已。在米开朗基罗那个时代，当他还活着的时候就被称为“神人”。但到了弗兰克·劳埃德·莱特的时代，他却被认为是一个怪人。路易斯·沙利文贫穷潦倒而死。

那么，难道我们不是环境艺术家吗？在我看来，虽然我知道我有偏见，但我们应该重建我们的国家，使之同我们内心的愿望靠近一些，以便使我们的文化能够超越历史上在建筑方面已有的成就，正如我们在科学和技术方面已经作到的那样。我们有哪一点不如十五世纪文艺复兴时代的意大利人呢？

我们之不如文艺复兴时代的人那么伟大，我并不相信这是一种生就的天性。这是一种价值观，是我们在美国所考虑的什么是最重要的东西。我们在军事硬件方面，在饮料上，在发式用具上以及在汽车方面大花其钱。如果我们愿意，我们完全可以花钱把美国建得更漂亮。如果我们认为建得恢弘壮丽是重要的，我确信我们就能够建得恢弘壮丽。

也许在我们的有生之年是很难做到这点了，但愿我们必须这样去做。**Ars longa, Vita brevis,** 生命是短暂的，而艺术将永存！

14. 我们丑陋的城市

1966年6月5日在麻省芒特·霍约克学院毕业典礼上的讲话）

我用了一个冬天的时间来设计（我得赶快补充说明，只是为了个人的消遣）一个理想的城市。我开始时好像无从着手，甚至现在我还为自己的愚蠢而时感不快。无人会去看它，也决不打算发表；如果有必要，只同极个别人谈到它。阅读一张平面图是十分困难的，可以绝对肯定地说，没有人会将它建造起来。

我之所以要告诉你们关于我个人所碰到的麻烦的原因，是要向你们指出，在我们的文化环境之中我所钟爱的价值和使得我们国家运转的价值之间的裂痕。我们生活在这个世界上空前富足的社会里。在旧时代，没有人能够梦想到全球性的文化，没有人说全球性的厕所以及（绝无此事）全球性的汽车。很显然，我们现在能够在地球上得到我们想要的任何东西。

我们的确能吗？好啦，我们不能、或者如我所相信的，我们“将不能”使我们的环境变成美丽的地方，也不能把我们的城市变成艺术作品。

肯定不会举办关于丑陋是否笼罩了我们的城市的讨论。我从未听见过任何人对我说，桥港（**Bridgeport**）除了是个丑陋的城市之外什么都不是，或者什么沃特巴里、什么巴图克特、什么霍约克是这样的地方。而纽约，我的家之所在，是不是很漂亮呢？它叫人兴奋甚至叫人吃惊，但仅仅是在某些点上，仅仅是某些街坊才可以说是漂亮的。除此之外，四面八方都是丑陋，丑陋，再丑陋。

是否还有别的不同看法，即纽约正在变得越来越糟糕？我并不认为自己已变得叫人忧伤的那么老，但我要指出，仅仅在10年以前纽约还是漂亮的，并进一步辩论道，纽约在那之前20年、30年甚至50年更为漂亮。

还是举几个例子吧：

项目：布鲁克伦大桥。这是世界上有名的大桥之一，在10年之前尚未被双层桥面所破坏。

项目：宾夕法尼亚火车站，按今天的美元计，花了600万；它仍然在为通勤者（**Commuter**）和新来者服务，起到一个宏伟城市的宏伟大门的作用。但那个罗曼蒂克的、壮观的大厅已经不复存在了。

项目：科恩泰斯船台水区及其他南曼哈顿的小水港仍然给我们一种同海港相连系的浪漫感。仅此而已。水被填掉了；一条高速干道将水景隔断了。

项目：公园大道曾被精心地用来疏导中央火车站这个精制的“结婚蛋糕”式的建筑四周的交通。但泛美航空公司的大楼（紧靠中央火车站北面，为协和建筑师事务所设计——译注）却终止了这种功能。

项目：我们的另一条壮丽的轴线第五十九街，现在已被端头的造价便宜中之最便宜者科里塞姆（**Coliseum**）大厦所堵死。

项目：我们喜欢从海港观看的那些高大的针状20年代摩天楼群已经看不见了，被新的蔡斯·曼哈顿银行大厦所破坏，并且很快将被世界贸易中心所彻底了结。

项目：第五十九街与第五大道在中央公园交界处的我们的最后一个广场上，即将出现一幢最便宜的、而且是为我们最富有的通用汽车公司所建的、足以叫人啼笑皆非的建筑。

项目：我们过去可以看到水面。毕竟，曼哈顿是个岛，我们比巴黎及伦敦有更好的水面并且伸手可及。但现在你能看到塞纳河，看到泰晤士河，然而在纽约却再也看不见水面了，只能看见升高的高速路！

说起来使人好笑。当可恶的橡胶大王们在纽约建铁路的时候，他们却建得很好，他们将铁路建于地下。然而，到了我们这一代人，对于"铁马"（指火车——译注）的后继者汽车就的确束手无策吗？为什么汽车干道不能建于地下？唯有格雷西公馆（**Gracie Mansion**），我们市长的居所能够看到水面，汽车轻松自在地驶入地下。这是可以办到的，就看干不干。范德比尔特（**Commodore Vanderbilt**，纽约中央火车站的设计者——译注）为我们的城市所曾做过的工作，我们可以再做——为了我们自己。

项目：我们曾经有过由褐色石头排列而成的街道；现在我们则有了点缀着便宜的砖砌塔楼的地区，它们的天花高度、纸一样薄的墙以及很糟的砖砌质量等等，都尽其可能地采用最低标准。换句话说，我们曾有过贫民窟，而今天我们所建的无非是一些超级贫民窟而已。

为什么？我们干吗要这样对待我们的城市，而同时我们已经扔掉了疾病、文盲和饥饿。当我们作到了每个市民拥有一辆汽车、能受教育、有雅致的服装并能外出旅游的同时，为什么我们的文化的一部分前进了，而另一部分却灾难般地衰落了呢？

应该承认，到了60岁我也可说历尽甘苦，因此虚构了我所喜欢生活在其中的一种城市；同时在这种梦想之外，我也试图找出我们的城市为什么会衰落下去的原因。

很清楚，我们的空气受到了污染，其原因正与我们的城市的衰落相同。对此我们尚未十分在意，但且暂不管为什么不在意。很清楚，我们的价值观被引导到别的目标上去了，而忘了美观。两种价值观被强调了，那就是我们美国人认为比美观更重要的两种被钟爱的目标：钱和效用。是的，我们至少在星期天的教堂里认为商业价值观是"贪欲之神"、是邪魔，然而那以后从星期一到星期五就与此相反了。举例来说，为什么国家还允许通用汽车公司或其他什么公司在我们最有声望的广场上建一个省钱的贱货呢？为什么要允许一家英国财团在本应建一座公园的一块地皮上建起了横跨我们最壮丽美观的大街的泛美航空公司大楼而使这一财团大增其财呢？克拉克（**Kenneth Clark**）称泛美大楼为自从罗马的维克多·伊曼纽尔（**Victor Emmanuel**）纪念碑以来对城市美观的最大犯罪。这是些刺耳的字眼，但事实的确如此。试想，只是为了那3,400万美元（即那块地的地价），否则纽约市本来可以在心脏地段有一块绿地——每个大都会的市民只需付出两个美元。

不，我们所关心的是钱以及每个人尽可能多地赚钱的不可剥夺的权利，尤其是在城市房地产业中是如此，无论它是破了产的中央火车站还是富足之最的通用汽车公司。在罗马或巴黎，如果一个投机商希望建一座摩天楼，他当然可以，但要在外边——在旧城之外去建。很遗憾，与此相反，在神圣的城市雅典，美国的体制获胜了。我们在那个两千年来破坏文化者都以失败告终的地方成功了。我们已在那里建了一个希尔顿旅馆，它极大地破坏了从帕特农神庙的柱廊往外看的景观。

这种拜物主义——工业主义的哲学也同样使我们喜欢，更不用说对汽车的崇拜了。很多美国家庭把星期天都花在擦洗汽车之上而不去整理他们的床铺了。这种祈祷式的态度在公众对汽车道路的喜爱之中也反映了出来。我们每年在道路上花费200亿美元，而且我们乐于向自己征税来干这件事。我们到处修路，并恰恰通过我们那些市镇的中心，把市镇切成两半，毁坏了公园和滨水区。但我们对于这些道路所通达的建筑又做了些什么呢？什么也没有做。我们让任何想赚钱的人把建筑盖了起来。

而金钱崇拜并不单单是富人们和那些想富的人们的态度。它已浸透到了整个国家的机体之中。一个出租汽车司机驾车带我跨过昆斯波罗大桥，看着宏伟的、令人鼓舞的曼哈顿中部天际线问我，是否意识到我是看着20亿美元的房地产。对他来说，这种鼓舞是经济方面的；他并不忌妒，但却因生活在这么多金钱之中而颇为自得。

然而很奇怪，我们也喜欢便宜，或者说喜欢吝啬。这表明了普遍的心理和一种很好的生意头脑。很不受欢迎的、去年不走运的孔·艾德公用事业公司建了一座新的工厂，其体量大到主宰了我们的东河，不管你愿不愿意都能从任何地方看见，而当建这个最为公共性的标识物之时，它根本不是由建筑师设计的，也不是一座石头或至少是砖砌体的建筑，而是波纹石绵板，这可真是世界上最丑陋、最便宜的材料了。但是没人反对。通用汽车公司也将因其在中央公园建了一幢便宜建筑而受赞扬。相反，西格拉姆大厦则受到一位法官的斥责，说该公司的生意判断是糟糕的，然而却因其糟糕才建了这幢我们多数人认为很漂亮的、并带有很好的公共广场的建筑。

橡胶大王们认为“公众应该打入地狱”，这一点也许正是纽约的幸运。至少因此而使范德比尔特给了我们中央火车站作为纽约的城市大门；而我们近年来最好的东西就要算那可悲的肯尼迪机场了，那是便宜货之密集体。只有一个令人愉快的例外，但却很小。我们是否不再对我们所居住的地方感到骄傲了呢？只能肯定地回答：不再感到骄傲了！

对金钱价值观的自然推理就是：我们把效用视为高的价值。如果一件东西不能用，那就去它的吧。对于城市建设来说，这就造成了不考虑公园（又花钱又无用）、邮政局（在办公楼中租金较低），或许很快教堂也不在考虑之列了。现在争论还在进行，甚至也在罗马天主教徒之间进行，说是一幢建筑只是为了每周使用一次的话，就不应该兴建。宗教似乎是一种可以在车库或者起居室里进行的私事。过去曾经是，每周使用一次的圣堂是那个星期精神之高潮所在，是伟大的建筑空间服务于赞美一种伟大精神体验的高潮之所在。而现在，我们的功利主义击败了我们的宗教，故而多用途的、可改变的教堂现在“登场”了。

远在我家乡那个市镇上，我们向参观者们最可夸耀的曾是卡内基(**Carnegie**)图书馆(一座宏伟结构)、邮政局（花岗石大台阶）以及新的高级中学（砖和石灰石)。但在新市区，这样的建筑无疑将一个也没有。那里将没有象征物，除了粗鄙的效用之外什么也没有。未来的图景将是：越便宜越好。我最欣赏的罗马皇帝奥古斯都曾夸耀地说，他发现的罗马是个砖的城市，而他留下的罗马却是个大理石的城市了。现在，我们却与此相反，实际上是在自豪地说，我们发现的是一个石头和砖的城市，而正在把它变成一个预制混凝土和波形马口铁的城市。

我向你们保证，后代将不会感谢我们。人们很容易评论我们祖先留下的建筑。想想威廉斯堡和塞勒姆（**Salem**，距波士顿24公里，为古港市——译注）、白宫和国会大厦吧，文明是以建筑来记录的，文明当然不能以战争、以生意以及以效用来加以记录。想想我们所喜爱的墨西哥多尔台克人的陶蒂华岗（**Teotihuacan**）文化吧，我们对他们的语言，对他们的生意或者他们从何处去省钱一无所知，甚至也不知道他们的称号；然而他们却是留芳百世的民族。他们的金字塔比埃及的那些还要伟大。他们宏伟的道路、广场、庙宇至今仍然是他们艺术天才的证据。他们建设城市的艺术使他们在消失了一千年后的今天也显得伟大。

我们能为后代留下点什么能使他们感到惊叹的东西呢？且意译一下埃利奥特(T·S·Eliot）的话，那就是："十万英里的柏油路和一万个丢弃的高尔夫球。"再加上一点扭曲了的钢框架，这就是这块地上的一切了。

因而功利主义成了我们的思想。当去年我提出一个方案，想在埃利斯（Ellis）岛上建一个俯视纽约港的巨大倾斜圆筒作为该岛上1,600万移民的纪念碑时，我遭到了强烈的攻击，说我要建一座坟墓。他们说，我们应该想想未来，我们应该建一座精神病医院或者学校什么的，但不应是一座纪念碑。纪念碑有何用途呢？我的朋友们，如果这样说来，那么"美观"又有何用途呢？为什么雅典人要自讨苦吃，不惜花费30年时间、花费每个雅典人的才智来建造帕特农神庙呢？那可是没有多少用途的呀。神庙建成不久，他们就被斯巴达战败了。当真，神庙是没有多少用途的。

今天，我已绝不会再建议拨出相当于2,000 至5,000 万美元的钱来建造我那个帕特农神庙一类的无用途的东西了。它并未列入计划。但退一步讲，难道我们不应该从我们成百上千亿钱财中拨出一些来把我们的住宅和城市建得美观些吗？即令不像希腊人那样为了后代和不朽的声望，那么不是也应该像讲求穿戴、装饰卧室和培植花园那样，为我们自己的自私目的而去这样做吗？如果你愿意，可以把这称为美化；只要这样去做，我们还能不为美观所环抱？

有人或许会提醒，别忘了这一切所需要的可怕代价。那么，如果不这样做，其代价又将如何呢？肮脏、污染、交通堵塞、停滞、精神苦恼这些代价是无法估量的！

不，钱并非问题之所在。问题是，我们究竟想把我们的余钱花到什么地方去？大约是为了花钱而花吧，否则为什么我们能花500亿去登月球，又为什么每年能花600—800亿去打一场战争，或者每年花200 亿去建设道路呢？

如果能得到我们所需要的建设城市的那微不足道的几十亿美元，只好留待那些归根结蒂应该为我们服务的政治家们去解决。但我愿在此建议几项税收。每辆汽车征税1,000美元。如果我们能买得起2,000美元的汽车，我们就能拿出3,000元来。每年按700万辆汽车计，则可收入70亿元，这是不无小补的。当然，我们对香烟、饮料征了百分之百的税，但实际上汽车也是有弊病的，就像吸烟与喝酒一样。这可是一项有益的税收。另一项是对战争抽10%的税。这可是我们对于所宠爱的职业所抽的小额消费税（战争定然很受宠爱，否则我们就不会对此大花其钱了）。这样，就筹集到另一笔60—80亿。第三，我们可将100亿联邦道路建设款用于建设这些道路所通达的那些处所。这样一来，我们每年就会有260亿，我们将借以建起我们梦想的城市，这可真如人间天堂。

正如你们所想的那样，我是有点空想派头。但我确信，美国人将能够作到他们想作的事情。我这样说，典故来自五世纪雅典的领导者佩里克尔斯（Pericles），他建造了帕特农神庙，他为雅典能有枪、有黄油、还有伟大的建筑而感到骄傲。

15. 同库克及克洛茨的谈话*

（1972年）

库克：约翰逊先生，让我们首先谈谈你在抛弃了密斯式信条之后你近来最著名的建筑之一，即（耶鲁大学）克莱因生物大楼（作品19）。

约翰逊：它的是那么著名吗？好吧，我想那的确是我最喜欢的建筑之一。

库：它位于那座山头之上，因而谁也不能忽视它！

约：噢，对的，其位置恰到好处。在山上居高临下，位置再好不过了。

克洛茨：不过那不等于我们对它的各个方面都很满意。

约：你不都喜欢？噢，你是欧洲人，而欧洲人不喜欢我所有的后期作品，并不只限于一个。你仍然按照格罗皮乌斯的思想方法来考虑问题。

克：难道你不认为格罗皮乌斯是本世纪最主要的建筑师之一吗？

约：他是谁？从任何角度讲，他是谁？

克：再说，我对你诸如选择材料等方面有不同看法。你难道毫不犹豫地使用石灰石？

约：米开朗基罗用过石灰石！

克：希特勒也用过——那是他最喜欢的材料。

约：那么，又有谁因为希特勒用过某种材料就将它弃置不用了呢？

克：对于欧洲人来说，或者至少对于德国人来说，甚至材料也包含了特定的意义——例如石灰石就给我一种虚假的纪念性的感觉。

约：噢？是那样？我从未想到这点。

库：在克莱因大楼中，你用了红色砂石。

约：对！是柱子之间的那些石板。

库：你把它们称为"柱子"？

约：你也可称为壁柱——当然我采用了砖面层。

库：当你仔细观察，克莱因大楼实际上还是西格拉姆大厦的翻版，尽管其表面上不同。

约：对了，你是第一个观察到这一点的人。是的，你说得对！它与西格拉姆的模式很类似。

克：当然，这两幢建筑之间有着很大的不同——你以十分有可塑性的、粗壮的立面取得外观的戏剧性效果，以代替密斯平平的玻璃幕墙。

---

* 1972年，耶鲁大学的宗教和艺术副教授库克（**John W.Cook**）和西德马尔堡学院（**Marburg Institute**）的教授克洛茨（**Heinrich Klotz**）先后访问了美国最有影响的10位建筑师，于1973年出版了《同建筑师的谈话》一书。这里摘译的，是该书《菲利浦·约翰逊》一节的前半部分。小标题为译者所加。该书为纽约**Praeger Publishers**出版。

约：并不仅止于外表！沿着柱子往下看，这幢大楼以这些柱子结束；壁柱则一直从上到下，它们真的支承着这一建筑。它们是这幢建筑的腿！

克：对啦，你创造了由这些柱子支承着建筑的印象。然而，这是框架！它隐于你所面对的那一戏剧性立面的内部。该大楼实际上是一幢你用柱子、壁柱及砂石板覆盖起来的西格拉姆大厦。

约：对了，除了你对“立面”这个词含有贬意之外，你说得都对。

克：人们进入这幢大楼要先经过宏伟的柱廊。每根柱子都向上延伸穿透整个立面。柱子的外表层融于窗户的侧墙之中。从柱到墙是圆滑的曲线转折，而突然它不再是柱子了。

约：它变成了波形墙，就像1914年也许是在西班牙作过的那样。

克：戈地！

约：戈地，你很清楚。我第一次作这种壁柱（不管它叫什么）时，我没有把曲线反过来。我问自己道：“为何将墙同壁柱分开？干脆作成波浪形墙吧。”很奇怪，我这一作品很有些与艾罗·沙里宁的CBS大厦相似，该大厦有虚假的棱形柱子。

约：我的原则之一是“绝不要向下走再进入一幢建筑。

克：但沙里宁是这样设计的。你是被引导往下走的。

约：绝不。你不得不往下走，但这并不好。

克：台阶引导你往下走。

约：我知道，但那是错的！

克：你不喜欢那样。

约：是的，作为一个古典主义者！

克：谁又不得不向上走呢？往下走，那是一种极妙的非强调办法。

约：那是这幢建筑的败笔。如果你不得不向下走而进入这一建筑，那么这幢建筑就不会是很重要的建筑。

克：我反对宏伟性。

约：我每天都听到这种说法。但我仍然想作得宏伟。

克：你想作得宏伟，并仍然想如此？

约：所有的建筑师都这样。我不管他们说些什么鬼话，但所有的建筑师基本上都想作得宏伟。

库：你对CBS大厦上部收头部分作何感想？

约：我想它有同样的问题。它并未真正的收住头。而西格拉姆大厦则收住头了。CBS反映了沙里宁的观点，他说过：“我想建造一幢还未曾建造过的最简单的建筑，包括西格拉姆在内。”你看，自然西格拉姆就是那幢冲击了他的建筑。我并不单是注重顶部或底部。例如，转角是很讨厌的；CBS大厦转角的两个棱形柱是那样糟糕地在平面上凑在一起。

库：你在你的水榭的拱券相交之处布置了一个空的凹角。你实际上有同样的问题。

约：是的，但我本来可以像沙里宁那样将它填平。沙里宁的不成其为一个转角，也不符合他其余的“文法”的逻辑。他应该把它们分开延伸。密斯的西格拉姆的转角是最好的。在玻璃住宅中，我在转角上花的时间比整幢房子还要多。我在某个地方有败笔，但我不打算告诉你，我至今不知道该如何处理得更好。密斯不喜欢这个转角。他曾对我说：“你去看看凡思沃斯住宅；我然后告诉你该怎样转角。”那个转角的确很漂亮，其办法是将柱子与转角脱开。

克：密斯曾来过这儿？（指玻璃住宅）

约：来过多次。但他讨厌这幢房子。有一次，在深夜两点钟的时候我们曾有过一番争论，他说："菲利浦，给我找个别的什么地方睡觉去。"在那天晚上之前，他曾在这里睡过觉。我说："密斯，你一定是在开玩笑吧。现已是早上两点钟了。"他说："我不管这些，让我出去。"他于是重未再来过。

克：事情就此结束了？

约：不，第二天早上我见到了他，他道了歉。往后，我们曾在一起喝过不少酒。但我必须找一个朋友把密斯带来，而密斯却再也不愿走进玻璃住宅了。你瞧，这都是在西格拉姆大厦建造之前的事。

克：让我们回头再谈谈克莱因大楼吧。

约：……立面就是一种方格图案，无论是阴影、材料的变化或者窗户的组合，都是一系列的水平线和竖直线。这是有很多办法来加以表现的。但每种像办公楼一样有着重复的房间的立面都不得不构成方格式的。因而，就成为处理竖直线和水平线的关系。

你可以用垂直的线，就像西格拉姆那样，由垂直的工字钢形成了优美的阴影。

1947年发现了这种工字钢，在立面设计上是一个转折点。工字钢柱形成了阴影，这无疑是一种革命，因为它给予了第三度空间。这种难以置信的阴影，你无法用很多窗棂来获得，因为下边是切掉了的。密斯说过，当他进行研究之时，是将各式各样的构件悬挂在窗外，并观察它们。运用普通工字钢的确是立面设计中获得第三度空间的转折点。但是，密斯的信奉者们做了些什么呢？他们抄袭了密斯所有的东西，就是将最主要的东西排除在外。邦沙夫特仅仅用了平淡的窗棂。其后，又仅剩下一片玻璃了。看看西格拉姆大厦，却并不是一片玻璃。除了正视角度之外，你都可以看到工字钢亮的正面和暗的、凹进的侧面。我认为这是天才的作品。我也感到有趣，我设计克莱因大楼时仍是密斯味十足。你是对的，你说那是一幢纯粹密斯式建筑。现在我想起来了，我那时仍然在搞密斯式东西，只是以壁柱代替了工字钢，并使之成为波形墙。垂直构件有着足够的阴影，而水平构件之阴影则由材料的变化及将砂石板突出出来而获得。

库：你被称为给现代建筑带来优雅的人。

约：是的，我不在意那么称呼。

库：克莱因大楼"优雅"吗？

约：比较地说，在大学建筑中那是一幢很丰富的建筑。但它一点也不比十九世纪的任何大学建筑更丰富。

库：你是否仍然喜欢玻璃住宅？

约：我根本没有想及这点。我只是住在这里。我不能够以别的任何方式生活。

克：约翰逊先生，这次谈话给我一种印象，即要非难你、要压倒你都很困难。

约：因为我自己并不是始终如一、连贯一致的。可是你已经指出了克莱因大楼中柱和波形墙的不连贯性了。

克：我并不反对像那样一种波形墙。我是就整个立面的想法向你发问的。你仍然是一个艺术史家。我不知道，你是否能在不那么意识到建筑历史的情况下设计建筑。

约：那就会有所不同了。我记得我曾作过一个报告，其大标题是“你不能不懂历史”。因为历史是我们的一部分，不管是像我那样自觉地意识到，或者并未意识到。但我在建筑的过渡期间里过份夸大了这一点。在沃尔斯博物馆或者在下面我的那个水榭中，历史变成了“好玩的”东西，以致于近乎不负责任了。

克：你的“水榭”差不多像个玩具。然而我认为这里有某种“人性化”的东西，因为你在那里可以玩味，而不是建造得宏伟。

约：对啦，但让我加上一点：最好是保持其像个玩具而不要放大成为内布拉斯加的塞尔登纪念美术馆。是不是这种“好玩的”想法一旦在城市中变成了“宏伟的表现”之时，就会变成一种败笔呢？我不大清楚，难以肯定。

克：你的克莱因大楼中的柱廊是我们最反对的东西之一。照我们看来，这里不仅有假的细部如柱础，而且有夸大了的尺度，使得每个个体的关系疏远了，也把柱廊减弱了。

约：啊？那倒是个好的批评。我却正好与此相反。我认为那是很宏伟、很好的。小点也许很有趣。我的意思是，我喜欢贝尼尼的柱廊，你却也许不喜欢。对于宏伟性有着不同的趣味。我并不认为什么欧洲人会喜欢这个。那就是我同凯汶·罗奇合得来的原因之一。

克：作为欧洲人，这种宏伟性使人立即想到斯大林和希特勒。

约：或许还有贝伦斯和密斯设计的列宁格勒大使馆？密斯并不否定这个时期。他对列宁格勒大使馆颇感自豪。

库：当今的建筑问题，是创造一种适应人类价值的环境，而不是为满足建筑师对流芳百世的追求。

约：当然。反对宏伟性的人文主义论点是弗兰克·劳埃德·莱特提出来的。他对我们的作品不满意，就是因为它们是宏伟的。他对这个玻璃住宅不满意是因其天花太高。当然，密斯也喜欢低天花。我带密斯到我的威利住宅去，他说：“菲利浦，你为何将天花做得这么高？”我笑着并回答道：“我看它太低了，大约低了两英尺！”密斯也差不多是那样一代人，即便他本人带有古典主义意味，你看。他喜欢卡尔·弗雷德里赫·辛克尔（**Karl Friedrich Schinkel**）；而我喜欢亨利·霍布森·理查森（**Heney Hobson Richardson**）。

在19世纪70年代的这个国家里，例如在印第安纳州大法院里，如果天花低于18英尺是难以想象的。我就喜欢那样！我在麦金、米德和怀特设计的纽约白色市政厅遇到很多人。他们说：“哦，这里俄国味很浓，太宏伟，是不是？”我说：“对不起，我看这很好嘛！”那全是用花岗石兴建的。你从14层的窗户往外看，那窗侧壁是一整块花岗石。我们现在已不用这么薄的材料了，而它本身是值得采用的。我不管它是俄国味的还是别的什么味的。然而我们却对宏伟性抱有极大的、不好的成见。

纽约大学的图书馆将是幢很不一般的建筑。因为它没有现在的那些凹进凸出的东西。它没有斜墙面，也根本没有玻璃。它是对称的，而对称却被认为是很不好的东西。

克：倒也不见得。

约：它并不是非对称不可，但是……

克：对称差不多是美国现代建筑的特征。

约：是那样吗？

克：照我看来，举例说吧，爱德华·斯东的阿尔巴里校园的法西斯式平面布置。请看看当前美国那些大使馆的平面布局，或者进一步说，路易斯·康的平面布局。

约：当然，他是个老式的学院派人物。例如宾州大学的理查德医学实验楼，那些砖砌塔体仅仅是装饰品，但它们非常强烈，非常美观。康可说是个十足的造假者，比我更糟的造假者。好啦，我们都是造假者。再瞧瞧凯汶·罗奇的一些建筑物。他耍的花招，即将窗户从立面后退 3 ～ 4英尺，真是难以置信。但如果这样作行得通，谁又会不管它呢？它确实很妙。我认为他的福特基金会大楼是他最失败的建筑。那建得比较早；但总的讲我认为他的作品将是很了不起的。

库：你刚才提到，纽约大学图书馆将是不一般的。那么，你的波士顿公共图书馆怎样？

约：波士顿公共图书馆是大约 6年前设计的。它现在正在施工之中。那是我最感矛盾的建筑，因为它很庞大，我的意思是比例出了格。它又作得小气，使人们看起来变得小了。那幢建筑有点不合人性。你们看，我总是极端反对人性，就因为莱特认为高于 6英尺 3英寸的任何天花都是不必要的、并且是不便拥抱的之故。

克：你同时又是个美学家啦。

约：当然啰。我总认为那是建筑师应该作到的。

克：你曾说过一个建筑师应该成为一个艺术家。这个地点和风景在纽坎南是非常好的美学环境。

约：“有没有什么毛病？”我总是这么说。

克：我们站立的这块地方，这个地球上的每一个片断都是饶有趣味地加以安排的。

约：是的，这块地方就像一块地毯。这块草地则是非常贵的地毯材料。

克：我清楚。我们是处在一种同日常生活不那么协调的环绕之中。据我所知，你所有的建筑都是在创造对这种环境的美学表现。但我并不认为你的建筑与街道发生关系。

约，哦，波士顿公共图书馆和纽约大学图书馆都是沿街建筑，都是“街道创造的”建筑。而克莱因大楼却不是。它并不是其他任何地方可以建的建筑。

克：还有这幢玻璃住宅也是如此。

约：噢，这可是一幢乡间住宅！

克：我想知道你如何建一幢住宅？

约：好的，我现在就在干这种事——在福利岛。

库：那是不是个低收入住宅项目？

约：那里的所有住宅都是为低收入者的，很讲效益。

库：作为一个美学家，你怎样处理福利性住宅中的问题呢？

约：我先设想街道应是何种样子。与此相反，柯布西埃则以最简单的方式来布置。在公园中的孤立的街坊——真有他的！问题是，当你走出柯布西埃的建筑，例如马赛公寓或别的什么地方，你将如何办？你简直会发呆！你看，我现在也变得人情味了。

克：真是出人意外。

库：你说马赛公寓是反人性的？

约：哦，我认为如此。但同时它还是反建筑学的，反街道的建筑学！你不应忽视街道。然而对柯布西埃来说，街道仅仅是服务于能使载重汽车通向建筑的某种东西。屋顶对柯布西埃倒很重要。但我则认为屋顶是可以假设为不存在的某种东西——我看他在好几个问题上都是错的。他是个极妙的雕塑家。我认为马赛公寓是古今最伟大的建筑之一……如果你不要经常到那里去的话。但是，在支柱之下则是个地狱般的地方，除非你想要撒尿！你走到一个角上看过去，真是个巨大的地方，真是糟糕！但你看看那个浮在那些支腿上的大建筑……谁能将支腿像那样做？密斯和我只将柱子一直往下，你不可能作得比这更朴素、更便宜的了。当然，柯布西埃只能像那样干。那是太贵了，但谁又在乎贵不贵呢？这些支腿可是很花钱啰！还有那奇特的屋顶景观！但所有这些对于解决问题都无多少助益。

约：这幢玻璃住宅是一个盒子套盒子再套盒子的中国盒子。它从咖啡桌开始，那是第一层，从未变过。仔细设计的起居室，其范围由白地毯的边勾画出来。这是另一个盒子，并且又很有意思地为波森（Poussin）的雕塑、橱柜和砖砌烟囱所界定出来的更大的起居室所包容。然后，你把眼光投向厨房、雕塑以及植物。那是下一道套子，是包容于玻璃住宅之中的。而住宅本身却座落于草地之上。

草地以草为界并与停车场为邻。如毯的草地形成另一种小气候，为树林的边界所界定。此外就是墙、树木，再是树木，还是树木，由此形成了一套东西包围另一套东西的系列。

库：你的住宅这些年来已被再三地拍了照片，而家具却从未变过。

约：从未变过，也不准备改变。不变，这是密斯式原则，而密斯却从未意识到这点。我曾告诉他，他是如何在吐根哈特（Tugendhat）住宅中布置家具的，他说："是的，那是对的。我确实是象建筑一样来布置家具。"然而，我现在布置家具，如在我的地下画廊里那样，是成组的，全都可以移动。

库：当你35岁之时成了建筑师。那时你已经是建筑史学家了。你的第一批设计作品是什么样的？

约：我的第一件作品自然是抄袭密斯的巴塞罗拉展览馆。那是在我第一年级的时候，通常给低年级学生出的课题就是在树林中设计一个亭子。

克：那就是说，你是直接从国际式开头学起的啰。

约：纯粹的密斯式！我是第一个密斯信徒。但我真正的第一幢住宅1940年才建成。我曾有助于使密斯第一次为美国人所注意。

克：也使很多欧洲人注意。

约：是的。他们贬低密斯的方式真愚蠢。最讨厌他的是那些"国际式"人物，因为他用了丝绸和大理石，你知道。是的，当我第一次见到他的时候，他生活得并不怎么样。布鲁尔是我的老师。我从他那里比从格罗皮乌斯要学得多得多。我1930年从本科毕业，那时还没有建筑学院可上。

克：你的意思是不是你从未上过建筑系，直到……

约：直到1940年（注：按1979年他同迪安的谈话，应为1939年）。

克：你在哪里念建筑呢？

约：哈佛大学。

克：那时格罗皮乌斯和布鲁尔还在那里。那么，你就没有任何旧式学院派教育的影响啰？

约：没有，一点也没有。我起初是同希契柯克一道干。

克：你是在欧洲会见希契柯克的吧？

约：我于1930年在巴黎会见了他。然后我们合写了"国际式"那本书，啊，应该说是"他写了"那本书！

克：你太谦逊了。

约：不尽然。我根本不谦逊。事实是那样的。

库：再回头看看你的开始阶段吧。我们注意到，你抛弃了密斯式的简洁而采用了50年代末期的装饰性拱券立面，这是使人很感意外的。

约：英国人把这叫做我的“芭蕾派”时期。你知道，英国人是最刻薄的批评家。

库：我们十分惊奇地注意到，在你1949年为玻璃住宅所作的第一批草图中，用了砖砌外立面，并有大的拱券。而在后来，当你摆脱了密斯的影响的时候，你是创造了新的形式呢，还是回到了你原来的爱好呢？

约，啊，那可是罗曼蒂克的……

库：你是否感到你池塘上的水榭或者你那带有大拱券的客人住宅的室内设计更能表现出你自己的东西？

约：是的，在那时我想那是更加“约翰逊”式，而不是冷冰冰的密斯式。

库：你是有目的地追求一种新的个人的表现吗？

约：个人的？当然。没有理由要停止在“密斯**Schüler**（学生）”之上，虽然我想，作学生式建筑那是十分恰当的。那很自然，请不必见笑。

库：噢，你干了密斯从未干过的事情。

约：当我不自觉地这样干的时候，是因为我是认真地想要了解密斯的。

库：后来，曾有一段有意识的中断。能否回忆一下，你为什么强烈感到要同纯粹密斯式分手呢？

约：噢，我是有点后知后觉。

库：我认为将这种转变加以纪录十分重要。离开密斯那么远。你是否是说这里既有风格的原因，心理的原因，或许还有挫折，使你同密斯分手呢？

约：我总是把它叫做“厌烦”(**boredom**)。

库：你为什么对此感到厌烦呢？

约：难道不是任何人都会这样？

库：然而你是在密斯式方面很成功的。

约：是的，我曾是个很好的密斯派。但是，要继续这样去作……不像密斯，我是个过于罗曼蒂克的人，因而也许不能将任何事情重做一遍。

库：你是否那时正在寻求一种新的、首创的形式呢？

约：我从来不相信首创性。密斯在这点上很正确，他认为与其求新，不如求好。那就是我为什么要为使用古典母题而辩护。

库：然而密斯自己却总是具有首创性的。

约：密斯从未从任何人那里得到任何东西。他是很坚强，很独特的。他为美国预制钢结构所做的工作是成功的。那对他是很自然的，因为建筑即意味着我们时代的技术之表现。他甚至根本未想到他是个艺术家。他感到他是在创造任何人都能运用的形式。为什么不能大家都去像他那样进行建造呢？他认为我们都有些发疯。

库：你开始使用拱券的时候，有何感觉？

约：当我第一次运用时，我并未感到我是在竭力求新，因为我想看看究竟可以转多少个角，雕塑般的质量有多大的可塑性。我对此比跟着现代建筑转更感兴趣。

克：你是否还记得，是何原因使你回复到雕塑般的质量？

约：我记得在罗马有一次同莱特共进午餐，我们从一个房间走到另一个房间，通过了一道厚墙，其上开有拱券洞口。莱特不喜欢侧壁，说：“菲利浦，你看，这是第三度空间！”

克：然而莱特总是像那样思考的。

约：那就是为什么他不喜欢我，包括不喜欢整个“国际式”。他将其称为“平胸膛的”，就像女人没有胸脯一样。建这些平平的建筑可是有些缺乏人情味。但我和希契柯克三十年代即已想到了三度空间，即阴影。我原来认为一切都必须是两度空间的，因而为发现第三度空间而颇觉有趣。

克：你难道不是首先从那种“平直性”摆脱出来的人之一吗？

约：也许是。但别的人摆脱的方式有所不同罢了。我从来不是一个“先驱者”，我对那不感兴趣。

库：你曾说过不能不懂历史。但必然会产生这样的问题：“如果你要实践一种历史主义，那必须是有所选择的。”你是否寻求美学上有感染力的形式，或者追求足以体现“第三度空间”的历史范例？抑或你曾想过创造一种新形式？

约：不，我没有。

库：你是否认为，正因为你同莱特的午餐是你的转折点你才讲了这事？

约：是的，是那样。我不知道为什么，但它始终留在我的记忆中，正是在那时我才认识到他所讲的“第三度空间”是什么。

库：你的意思是不是说，你的拱券是从那里发展出来的？

约：我认为那是我摆脱密斯的一种斗争。我让自己按自己的路子来对待历史。当你有着全世界的历史可以汲收之时，为什么只作“国际式”的学生呢？

库：你是否慎重决定以特殊历史时期为限？

约：不。

克：你称它为什么？罗马式？

约：不，不是罗马式，而是**Rundbogenstil**（圆券式）。一点也不是罗马式。我从未理解罗马建筑，至今也不。而我对罗曼蒂克罗马式更感兴趣，那完全不同。

克：当大家都认为拱券再也不可能运用的时候，你可说走了相当大的一步。

约：我知道，但那是另一码事。我有“白人淘气鬼”的感觉。我想成为某种淘气鬼。我想，当我把密斯介绍给美国的时候，我是够淘气的了。大家都认为那是很可怕的。当我运用了这些拱券之时，就更加糟糕了。当我正在设计内布拉斯加博物馆的时候，我记得现代艺术博物馆的亚瑟·德雷克斯勒正在写一本关于我的书。他看了这个设计一眼，说道：“你怎么能指望我写一篇关于能干出这种事的人的文章呢？”大家都认为那是一幢最糟糕的建筑。就在那时，他们停止了出版我的作品。他们至今如此。我的意思是，你最好作个老式建筑师，没有新东西。结果就是这样。

克：你的意思是指一旦运用了拱券之后？

约：绝然地切断了所有公共销路。

库：你从“拱券时期”走出来了吗？

约：感谢上帝，是的。

库：你仍然肯定内布拉斯加的博物馆以及在这里的水榭吗？

约：是的。

库：这是你“拱券时期”的最高成就吗？

约：唯有的两个。我想，沃尔斯堡的阿蒙·卡特博物馆的不足之处是嵌用了石灰华的框架。而拱廊也未像慕尼黑的**Loggia dei Lanzi**或者**Feldherrnhalle**的圆柱廊那样绕建筑一圈。实际上，阿蒙·卡特博物馆最好的东西不是建筑而是平台（作品 7），我花了更多的时间在这上面。不管它是个啥样，我花了更多的力量，因为它的地位不同。它在那个山头上；位置比柱廊更为重要。

（以下从略）

16. 在接受1978AIA颁发的金质奖章仪式上的讲话*（节译）

我想谈一谈艺术之现状这个老题目，就是谈一谈我们现在走到哪儿了，发生了一些什么事情。我们现在处在一个巨大的分水岭上，处于五十年来从未有过的地位上。这是一个情感上的革命性的转变，由于我们身在其中，所以现在对它很难看清楚，分水岭的一边是我们过去学的那一套现代主义，另一边是新的、不了解的和不确定的可是肯定叫人高兴的东西。

我们懂得现代派建筑那一套，过去我们在学校里教那一套。有过一种信条：以为用现代派建筑取代各种复古流派，就能在地球上建立乌托邦，过去我们对此深信不疑。在三十年代，平屋顶是一种象征，大玻璃墙是一种象征。学校同教堂一个样，教堂和住宅一个样。不管在世界哪个地方，都在玻璃盒子上傲然地扣个平屋顶，弄成毫无表情不合尺度的东西，无论在日本，在澳大利亚，在纽约，在一切地方都是这种建筑。我们沾沾自喜，觉得自己做得对，可以创造一个挺好的世界。可是，没有创造出来。

依你看，情感上的转变有三个主要关节。我们建筑师看问题的方法上的转变，来源于公众的不同观点。多少年来我们教育公众说，平顶玻璃住宅是最好的居住方式。我自己至今还住在这样一个房子里，现在也很欣赏它。当然今天再不会想盖这种房子了，但也不搬出去，也不因为过去盖这房子而脸红。我如果生在文艺复兴时代，我不会为哥特时期的建筑而脸红，那个时期搞出了有价值的东西嘛。

我们这门艺术在三个方面出现了变化。第一是对待历史的态度变了。回想在包豪斯（**Bauhaus**），把历史看作废话，那里不教历史。我在哈佛大学的时候也不教。格罗皮乌斯认为每一个问题只须按它自己的特点去解决。这个看法现在不行了。现在人人都重视历史。说来惭愧，这变化不是我们自己搞的。是来自公众。例如，来自保护文物的运动。十年前可以拆掉的房子，现在就不能拆了。我建造肯尼迪纪念馆时，大家争论该不该拆那座法院。谢天谢地，没有拆掉。今天，任何一个达拉斯公民都不会允许拆那座法院。对昔日的感情不只在美国而且弥漫整个欧洲。十年前，城市改造就是城市拆除的可笑同义语。它的后果是我们北方许多城市大拆大砍，留下很多空地，多数现在还空着。圣路易市中心区就还空着，没人想去建设它。今天没人再去拆城市了。现在，必须面对城市的历史。

第二个变化是对象征手法的新态度。以前我们丝毫不要象征性，房子不用装饰。住宅是否象住宅、教堂是否像教堂，我们不操心。我知道的突出例子就是我们的老师密斯，在伊利诺斯州理工学院建造的教堂和动力车间。正如查里斯·詹克斯（**Charles Jenks**）向我们指出的那样，要不是有个烟筒，人们很难指出哪个是教堂，哪个是车间。我看，现在绝不能那样搞了。我们还是要求教堂像个教堂，住宅像个住宅。其实公众从来也不接受每人都住平顶玻

* 本文节译摘自“世界建筑”1979.1 吴焕加译

璃房的说法。公众比我们更了解他们的需要。那么，我们该不该尊重他们的情感呢？

就我所知，我的朋友埃罗·沙里宁（Eero Saarinen）在很早以前，第一个进行革命，他在作品中追求风格，我那时还挺害怕哩。他把航空站搞成一个大鸟模样。我们想那是不光彩的表现主义的卖弄。可他发展起来了。现在我们也同意在建筑中搞象征性了，也用起装饰来了。当然，国际式建筑并不像宣传的那样刺目。就在达拉斯，我建过一座教堂，在它上面我用了一个古老的宗教标志作为一种启示，那是从伊拉克隆马拉地方公元800年的伊斯兰寺院上借取来的。从历史时间上看，我走的稍远一些，可在理论上我是晚到的。埃罗·沙里宁在理论上也晚，但实践早。各有千秋。

A T & T 大楼的方案引起了轰动，可是约翰·伯吉和我两人并非故意要这样的。把它搞成我们时代的一种象征，这就引起了惊讶。请了解，纽约有它自己的传统，如果是在达拉斯，我就不会设计这种样式。各地有不同的精神，这就谈到了第三个变化。

第三个变化是我们现在注意的重点。和密斯一样，我们曾经认为在任何地方都可按一个模式盖房子，就像用模子压制甜饼那样。我们高兴地得到任务后，总来它一个玻璃摩天楼。这一手现在行不通了。你在弗吉尼亚盖房子，必得注意当年杰佛逊（Thomas Jefferson）的传统，你在芝加哥，就得研究理查逊（Richardson）的建筑。德克萨斯州是伟大的例外，它多样丰富，是战后发达起来的地区。可以说达拉斯像是一夜之间建设起来的城市，确是一番辉煌景象。所以我如果在德克萨斯州的达拉斯建造A T & T 大楼，它将是另一种样子。在达拉斯盖房子，我想你们都会像我的卓越的同行贝克特（Welton Becket）那样去干。新联大楼（The Reunion）是特别精彩的建筑，像是美丽的阿尔卑斯的冰山形象。

从各种的途径，我们得到了那样的一种空间感，当要我们设计A T & T 大楼时，我们从精神上对业主的事业关心备至。建筑师们老说我们按业主需要的去做，这已经成了一种死条条。我们不这样。我们向业主劝说，让他相信我们想要干的对他也是最好的。直到现在我们都做得挺好。我的意思是说现代的建筑风格非常清楚。过去我们总说："我给你的正是你应该要的，孩子，你日后会觉得好的，你为什么不喜欢这伟大的盒子呢！"好，现在我们态度改变了。我们对公司有感情，有一种伟大的保守主义者的感情，——就保守这个词的最好的意义说的。我们对纽约的建筑也抱这个态度，我们要保存纽约。纽约的伟大建筑产生于两个时期，一是十九世纪九十年代，麦金（Mckim）米德（Mead）和怀特（White）的时期，另一是二十年代雷蒙德·胡德（Raymond Hood）的时期，面对这些精彩的建筑榜样，我们认定玻璃盒子没希望了。我们的业主十分颖悟，他们也提示说："是啊，约翰逊先生，知道您二位是好建筑师，请不要给我们设计平屋顶。"在纽约，大家看见了，所有二十年代的以及更早到二十世纪转折时期的建筑物都有可爱的小尖顶，金字塔形的，螺旋形的，锯齿形的，各式各样。金色的，棕色的，蓝色的，有样式又好辨认。在你乘船抵达纽约时，瞧见那些不同的可是容易识别的塔楼围绕着你，你不感觉它们是用魔法立起来的雪茄烟盒。他们是新大陆的浪漫情调的象征。我们想再次追随这些建筑物。所以很自然地我们在A T & T 大楼的底部模仿巴齐小教堂，在中间部分模仿芝加哥论坛报大厦的中段，在顶部，……我说不准确，反正不是从老式座钟上学来的。

为什么现在出现这些变化呢？我不清楚。也许由于我们对玻璃盒子厌倦了。也许由于发生了能源麻烦。实际原因更深刻些，美国和整个西方思想意识上发生了大变化。过去我们有信心要在活着的时候建成乌托邦。这是美国人的习惯。我们为拯救民主世界而打仗，已经两次了，我们有理想，有信念，有道义，倾向加尔文教派。我们美国人很自信。但今天怎样呢？

我怀疑了。为什么美国最进步的那个州，加利福尼亚州的州长谈论先知苏马克？为什么突然之间很多人对东方宗教以及所有宗教感兴趣？即使这些态度说明一些问题，也不是唯一的答案。也许传统起了作用，也许心灵起了作用。也许，进步并不是唯一的方向。罗马俱乐部在讨论零度增长的问题。现在这里人们也谈论它，并且这样做。

整个世界的思想意识都发生了微妙的变化，我们落在最后面，建筑师向来都是赶最末一节车厢。我们正在进入一个时代，我不知道它的名称，你也不知道，那些自称知道的小伙子（五十岁以下的建筑师）其实也不知道。但那是一个伟大的奇妙的未来，我可以拿河流来比拟。河水在峡谷中流得又快又直，水流很深，没有旁支。国际式建筑风格就是这样。但河流有各种情况，流到平原就漫开了，出现许多新河道，同时有五、六条道。这全都正常。我的上帝，圣经上就说："我主住在许多房子里。"或者用当代毛主席的话："百花齐放。"现在的事就是多样变化。我们的文化是多元论的，建筑也是多元论，我们举手欢迎它。今天会上没有一个小伙子说要按我和伯吉的方式设计大楼，但对于我们设计的权利，正确性和美表示尊重。上帝保佑这些年青人，上帝保佑建筑事业。

附 录

1.菲利浦·约翰逊设计作品年表

菲利浦·约翰逊于1906年7月8日出生于俄亥俄州克利夫兰市。他小时曾在瑞士上学，后来到哈佛大学学习古典哲学，于1930年获文学学士学位。此后他曾到欧洲旅游，对他以后从事建筑设计有很大的影响。从1932年至1934年，他曾担任纽约现代艺术博物馆建筑部主任。1939年，他重新进入哈佛大学，在设计研究生院学习建筑学，于1943年获硕士学位。其后，又于1946年回到现代艺术博物馆担任旧职；从1949年至1950年，他担任了该博物馆建筑与设计联合部的主任。他于1945年开设了自己的建筑设计事务所。

以下所列，为菲利浦·约翰逊所设计并且已经建成的建筑；未付诸实施的方案或尚未完工的方案均不包括在内。从1973年开始，他的所有建筑都是同约翰·伯吉合作的；在此之前的合作者，均在每个工程之后另行注明。

1942 ●菲利浦·约翰逊住宅，麻省坎布里奇

1944 ●B·汤森农场，俄亥俄州纽伦敦

1946 ●里查德·E·布什住宅，纽约州百德福特村

1947 ●E·法尼住宅，纽约州长岛

1949 ●菲利浦·约翰逊住宅（玻璃住宅），康涅狄格州纽坎南

●G·E·潘因爵士住宅，纽约州威士波罗

●B·V·沃尔夫住宅，纽约州纽堡

1950 ●J·梅里尔住宅，德克萨斯州休斯敦

●现代艺术博物馆附加建筑，纽约市

●J·D·洛克菲勒三世宾客住宅，纽约市

1951 ●H·福特二世住宅之一翼，纽约州长岛

●R·霍德逊住宅，康涅狄格州纽坎南

●乔治·C·奥尼托住宅，纽约州艾尔汶顿

1952 ●R·C·戴维斯住宅，明尼苏达州威沙塔

●谢伦伯格管理大楼，康涅狄格州里奇菲尔德

1953 ●A·波尔住宅，康涅狄格州纽坎南

●菲利浦·约翰逊宾客住宅的改建，康涅狄格州纽坎南

●A.A.洛克菲勒雕塑园，纽约现代艺术博物馆（詹姆斯·范林为景观设计师）

●R.C.威利住宅，康涅狄格州纽坎南

1955 ●J.赫什洪住宅，加拿大安大略省盲河

●梅托·克拉特之亭，亚利桑那州柯康里诺县
●威利开发公司住宅，康涅狄格州纽坎南
1956 ●E·波森纳斯住宅，康涅狄格州纽坎南
●K·迪弗里斯以色列犹太教堂，纽约州波特彻斯特
●R·C·尼奥哈特夫妇住宅，纽约州长岛
1957 ●塞顿希尔学院学生宿舍，宾夕法尼亚州格林斯堡
●圣·托马斯大学教学楼建筑群，德克萨斯州休斯敦
1959 ●亚细亚住宅楼，纽约市
●西格拉姆大厦四季餐厅，纽约市
1960 ●孟逊·威廉斯·普洛克托学会博物馆，纽约州犹迪卡
●雷霍沃特原子反应堆，以色列
●无顶教堂，印第安纳州新哈莫尼
●沙拉·劳伦斯学院学生宿舍，纽约州布朗克斯维尔
●罗伯特·托雷住宅，法国
1961 ●阿蒙·卡特西方艺术博物馆，德克萨斯州福特·沃尔斯
●布朗大学电脑中心，罗德岛州普拉维登斯
1962 ●菲利浦·约翰逊水榭，康涅狄格州纽坎南
1963 ●前哥伦比亚艺术博物馆，华盛顿市登巴顿橡树园
●圣·安塞尔姆修道院一翼，华盛顿市
●内布拉斯加大学塞尔登纪念美术馆，内布拉斯加州林肯市
1964 ●H·C·贝克住宅，德克萨斯州达拉斯
●E·波森纳斯住宅，法国
●耶鲁大学克莱因生物实验大楼，康涅狄格州纽黑文（与里查德·佛斯特合作）
●现代艺术博物馆东翼、庭院、改建的雕塑庭园以及上层平台，纽约市
●林肯中心纽约州立剧院，纽约市（与里查德·佛斯特合作）
1965 ●耶鲁大学流行病学和公共卫生大楼，康涅狄格州纽黑文
●詹姆斯·盖耶夫妇住宅，俄亥俄州印第安山
●菲利浦·约翰逊画廊，康涅狄格州纽坎南
●耶鲁大学克莱因化学实验楼，康涅狄格州纽黑文（与佛斯特合作）
●孟特佛雷医院H·L·莫塞斯研究所，纽约市布朗克斯
●亨德里克斯学院图书馆，阿尔勘萨斯州康威
1966 ●约翰·F·肯尼迪纪念碑，德克萨斯州达拉斯市
1968 ●Bielefeld美术馆，西德
●WRVA无线电站，佛吉尼亚州里奇满
●大卫·劳埃德·克雷格住宅，华盛顿市（与佛斯特合作）
1970 ●菲利浦·约翰逊雕塑展廊，康涅狄格州纽坎南
1971 ●布朗大学阿尔贝特和李斯特艺术大楼，罗德岛州普拉维登斯
1972 ●纽约大学Tisch馆，纽约市（与佛斯特合作）
●纽约大学ABM物理馆立面，纽约市（与佛斯特合作）
●南德克萨斯艺术博物馆，德克萨斯州科普斯·克里斯蒂（与约翰·伯吉合作）

●哈佛大学巴登馆，麻省坎布里奇（与约翰·伯吉合作）
●纽约州立大学纽伯格博物馆，纽约州帕切斯（与约翰·伯吉合作）

1973 ●纽约大学E·H·波布斯特图书馆，纽约市（与佛斯特合作）
●纽约大学近东研究中心，纽约市（与佛斯特合作）
●IDS中心，明尼苏达州明尼阿波利斯（由此以下都是与约翰·伯吉合作的）
●波士顿公共图书馆，麻省波士顿

1974 ●尼亚加拉大瀑布会议中心，纽约州尼亚加拉大瀑布

1975 ●水景园，德克萨斯州福特·沃尔斯
●莫林赛德住宅，纽约市布朗克斯

1976 ●潘索尔大厦，德克萨斯州休斯敦
●波斯特橡树中心区一号楼，德克萨斯州休斯敦
●林肯中心交响音乐厅室内设计，纽约市

1977 ●世纪中心，印第安纳州南区
●马伦堡学院美术中心，宾夕法尼亚州阿伦顿
●美国人寿保险公司，密苏里州圣·路易斯
●感恩广场，德克萨斯州达拉斯

1978 ●菲尔德·波因特80号大厦，康涅狄格州格林威治

1979 ●第五大道1001号立面设计，纽约市
●特勒斯剧场，肯尼迪表演艺术中心，华盛顿市
●马歇尔·菲尔德公司大楼立面，德克萨斯州休斯敦

1980 ●加登·格罗夫社区教堂（"水晶教堂"），加利福尼亚州加登·格罗夫
●国家表演艺术中心，孟买，印度

1981 ●波斯特橡树中心区二、三号大楼，德克萨斯州休斯敦
●休格兰花园办公楼第一期工程，德克萨斯州休斯敦

1982 ●皮阿利亚市政中心，伊利诺斯州皮阿利亚
●戴德郡文化中心，佛罗里达州迈阿密
●加利福尼亚大街101号大厦，加利福尼亚州旧金山
●尼曼—马库斯大楼，加利福尼亚州旧金山

1983 ●新克利夫兰游乐场，俄亥俄州克利夫兰

1984 ●美国电话电报公司总部大厦（AT&T），纽约市
●PPG公司总部大厦，宾夕法尼亚州匹兹堡
●共和银行中心，德克萨斯州休斯敦
●加利福尼亚大街580号大厦，加利福尼亚州旧金山

1985 ●特兰斯柯大厦及其公园，德克萨斯州休斯敦
●联合银行中心大厦及广场，科罗拉多州丹佛
●第二联邦储蓄广场大厦，纽约市
●月形宫，德克萨斯州达拉斯
●第五十三街第三大道交汇处大厦，纽约市
●休斯敦大学建筑学院，德克萨斯州休斯敦

1986 ●福特希尔广场国际大厦，麻省波士顿

此外，目前已在施工中或即将完工的项目还有如下一些：

- 莫曼托大厦，德克萨斯州达拉斯，1983年设计
- 蒂康大厦群，佛吉尼亚州维拉，1983年设计
- 波伊斯顿大街500 号大厦，麻省波士顿，1983年设计
- 拉萨尔大街190 号大厦，伊利诺州芝加哥，1983年设计
- 时代广场中心，纽约市，1983年设计
- 大西洋中心，佐治亚州亚特兰大，1985年设计

2.菲利浦·约翰逊写作目录

1931 ○纽约的现代艺术博物馆(《为居住而建造》，1931·3·)

○新的学校建筑（《艺术》第十七集，1931·3·）

○纽约“被遗忘的建筑师”展览目录前言（1931）

○现代建筑的摩天楼学派（《艺术》第十七集，1931·3·）

○被遗忘的建筑师(《创造性艺术》,1931·6，1974·1·收入《反对派》第二集）

○在柏林：关于建筑博览会的评论(《纽约时报》，1931·8·9·，艺术版）

○两幢“国际式”住宅（《住宅美化》第十九集，1931·10·）

1932 ○评1931年的柏林建筑博览会(《丁字尺》第Ⅱ集，1932·1·，收入《反对派》第二集，1974·1·）

○现代建筑的国际展览（同**A·H**·巴尔爵士、**H·R**·希契柯克以及**L**·孟福特合著，由纽约现代艺术博物馆和**W·W**·诺顿公司出版，共199页。菲利浦·约翰逊写了有关密斯和奥托·黑斯勒的章节以及部分导言。1970年由**Arno**出版社重印）

○“国际式”：1922年以来的建筑（与希契柯克合著，由巴尔撰写前言，纽约**W·W**·诺顿公司1932年出版，240页。1966年由该公司出版了简装本，增加了由希契柯克写的前言，并附有“二十年来的国际式”附录）

1933 ○第二帝国的建筑（《猎狗和号角》第七集，1933·11～12·，收入《反对派》第二集，1974·）

○“中西部年轻建筑师作品展”目录前言（由纽约现代艺术博物馆主办，1933·4·3·～30·）

1934 ○建筑与工业美术（发表于纽约现代艺术博物馆于1934·11·20·～1935·1·20·主办的“现代艺术作品五十周年展”目录，第二版经校订出版于1936年）

○机器的艺术（由**A·H**·巴尔爵士撰写前言，由纽约现代艺术博物馆于1934年出版，共115 页。**Arno**出版社于1970年重印）

1942 ○1941年的建筑（为百科全书所写之未刊稿）

○哈佛的建筑复兴及现代派：新的豪顿图书馆(《哈佛辩护者》第75周年刊，1942·4·）

1945 ○战争纪念碑——赞扬何种美学价值？(《艺术新闻》，1945·9·）

1947 ○密斯·凡·德·罗（纽约现代艺术博物馆，1947年初版；增补第二版，1953；第三版增订本，1979·德文版：斯图加特，1956·；西班牙文版：布宜诺斯埃利斯，1960·）

1948 ○论建筑的自由和法式：对罗伯特·W·肯尼迪的回答(《艺术杂志》,1948·10·)

1949 ○站在前沿的人（《建筑评论》，1950·9·）

1951 ○“绘画、雕塑与建筑的关系”讨论会开幕词（纽约现代艺术博物馆，1951·3·19·）

1952 ○我们所见之建筑（同希契柯克合著,《新世界文集》,1952·4·）

○《战后建筑》前言（该书为希契柯克与A·德雷克斯勒合著，纽约现代艺术博物馆出版，1952· Arno出版社将“1932—1944年的美国建设”一起重印，1968）

1953 ○在“艺术与道德”学术讨论会上的讲话（麻省斯密士学院出版，1953·）

○恰当而宏伟之表现——评柯布西埃全集第五卷，1946—1952(《艺术新闻》,1953·9·)

○人们称作业主的人（在美国建筑师协会全国会议上的讲话，1953·10·;部分地被《建筑评论》所引用。刊于《时代杂志》;1953·12·14·)

○论建筑师的责任（同皮特洛·贝留斯奇、路易斯·康、文森特·斯卡利及保罗·韦斯合著，载《Perspecta》,1953年第二期。根据在耶鲁大学的课堂讨论录音带整理。选登于约翰·M·雅可布斯爵士所著《菲利浦·约翰逊》一书，纽约1962年版）

1954 ○在明尼阿波利斯艺术学院的讲话，1954·5·4·

○Hunstanton的学校（《建筑评论》，1954·9·）

1955 ○风格及国际风格（在纽约巴纳德学院的讲话，1955·4·30·）

○与哈佛大学学生的漫谈。第一部分：现代建筑的七根拐棍；第二部分：对西塔里埃森的评价。(第一部分发表于《Perspecta》1955年第三期；节载于雅可布斯的《菲利浦·约翰逊》一书）

○威利住宅（《Perspecta》1955年第三期）

○R·威斯里查著《美国的犹太教堂建筑》一书前言（1955年费城出版）

○城镇和汽车，或者Elm大街之骄傲（未刊稿）

1956 ○关于密斯·凡·德·罗的演讲，1956·6·26·

○重要建筑一百年。第一集：办公楼（同其他人合著，关于温莱特大厦和费城储蓄基金大厦的说明为约翰逊所写）;第二集：行政及研究建筑（关于伊利诺理工学院矿物及金属研究大楼的说明为约翰逊所写。均载《建筑实录》,1956·6·）

○沙利文是功能主义之父吗？（《艺术新闻》，1956·12·）

1957 ○关于未来建筑同约翰·彼得的对话（《印刷》1957年2～3月号）

○一百年。弗兰克·劳埃德·莱特和我们(《太平洋建筑师和建筑者》,1957·3·，摘自在华盛顿州AIA分会成立一百周年纪念会上的讲话）

○休斯敦的圣·托马斯大学（《建筑实录》，1957·8·）

○二十世纪的艺术博物馆(在纽约州尤迪卡孟逊·威廉学院的讲话,1957·11·8·)

○对菲利浦·约翰逊访问之一及之二（见塞丹·罗德曼所著《同艺术家的谈话》,1957年纽约出版）

1958 ○CIO-AFL之劳动历史博物馆（载《全国建筑教育协会公报》,1958·2·）

○为萨拉·劳伦斯学院所作之新设计(《萨拉·劳伦斯女毕业生杂志》,1958·2·)

○为文森特·斯卡利在耶鲁大学所开课程所作的系列讲课:“国际式”——1958·4·

25日讲;"战后的弗兰克·劳埃德·莱特和勒·柯布西埃"——1958·5·2日的讲话;"从国际式退到目前的状况"——1958·5·9日的讲话)。

○密斯的作品(见**Alexandre Persitz**和**D·Valeix**合著《**L' Oeuvre de Mies van der Rohe**》,1958)

○介绍《**Alvin Lustig**作品集》(1958年纽黑文出版)

1959 ○向何处去——非密斯式方向(在耶鲁大学的讲话,1959·2·5)

○帕特农、完善性及其他(《艺术新闻》,1959·3·)

○在美国博物馆协会的讲话(匹兹堡,1959·6·4·)

1960 ○给博物馆馆长的信(《博物馆消息》,1966·1·)

○发展中的显赫名声:三位建筑师(《美国艺术》48号,1960年春季出版)

○我们现在何处?(《建筑评论》,1960·9·,其中关于**R**·班纳姆的《第一机器时代的理论与设计》一书的评论,为雅可布斯所著《菲利浦·约翰逊》所摘载)

○在伦敦建筑协会建筑学院的漫谈(1960·11·28·)

○建筑系学生**J**·班内特会见菲利浦·约翰逊(《建筑实录》,1960·12·)

○美国的博物馆建筑("美国之音"建筑评论系列讲座之8,1960年播出)

1961 ○同《进步建筑》杂志第八届年度奖评委会成员的讨论(《进步建筑》,1961·1·)

○九个实在的剧院设计(原文为德文,英文稿发表于《美国之音》年刊第81号,1961·2·,并以"实在之剧院设计"为题收入印度1962年出版之《建筑、结构及城市规划年刊》)

○祝密斯·凡·德·罗七十五寿辰的讲话(1961·2·7·,芝加哥)

○六十年代:关于建筑现状论文专集第二部分"浑沌时期"之说明(《进步建筑》,1961·3·)

○"国际式"——死亡抑或变通(在纽约建筑联盟论坛上的讲话,1961年3月30日于大都会博物馆。节载于《建筑论坛》,1961·6·)

○如果我当一天总统……(在华盛顿全国妇女民主俱乐部的讲话,1961·4·27·)

○什么是你最喜欢的建筑?(与人合写,载《纽约时代杂志》,1961·5·21·)

○国际博物馆委员会代表大会(《建筑设计》,1961·8·,摘自1961·5·25·在意大利都宁代表大会上的讲话)

○剧院质疑(《表演艺术》第三号,1961·6·30·,这是对**T**·**H**·肯沃西来信的回答)

○建筑师对《舞蹈新闻》建议的答复(《舞蹈新闻》,1961·12·)

○给**Jurgen Joedicke**博士的信(发表于雅可布斯的《菲利浦·约翰逊》一书)

○约翰逊(《**Perspecta**》第七期,1961)

○辛克尔和密斯(1961·3·13·在柏林的讲话,载哥伦比亚大学建筑学院的刊物《**Program**》,1962·春季)

1962 ○现代建筑及城市之重建(《艺术与建筑》,1962·2·,摘自在芝加哥伊利诺工学院举行的由格雷厄姆高等美术研究基金会主办的讨论会上的发言,1961·11·)

○建筑的新面貌(《耶鲁科学杂志》第三十六号,1962·3·)

○为日本《**Kentiku**》写的文章(介绍菲利浦·约翰逊的专集,包括若干关于他的作品的说明,并附英文摘要。日本《**Kenliku**》,1962·5·)

○西方的风味和东方的模式（对格罗皮乌斯、丹下健三、贝耶等人的评论，载《民族》杂志，1962·5·19·）

○就F·D·罗斯福纪念碑向华盛顿艺术委员会所写的陈词(1962年6月8日呈交，发表于美国第87届国会一次会议有关文件集，1962年第132号)。

○菲利浦·约翰逊近作(《建筑实录》,1962·6·,包括本人关于克莱因科学中心、圣·安塞尔姆修道院及布朗大学计算机中心的评述)

○建造之艺术——我们行当的七句行话(1962·10·12·在俄勒冈举行的AIA西北区年会上的讲话)

○菲利浦·约翰逊文选（附于雅可布斯所著《菲利浦·约翰逊》一书中，1962年纽约出版。)

1963 ○在耶鲁大学的讲话（1963·2·13·）

○建筑之危机(《回声》杂志，1963·4·,录音节录自1963·4·20·在普林斯顿大学世界形势讨论会上的发言)

○对塞尔登（Sheldon）纪念美术馆的献词（1963·5·16·于内布拉斯加大学）

○足尺与虚尺（《展望》第三号，1963·6·）

○建筑之艺术与世界之首都（根据1963·4·3·在华盛顿科科伦美术馆的讲话整理，载《历史保护》第十五号，1963·6～9·,并摘载于《华盛顿邮报》,1963·4·28·)

○一座校园美术馆——塞尔东纪念美术馆（《建筑实录》，1963·8·）

○菲利浦·约翰逊设计的美术馆(《艺术与建筑》第八十号，1963·8·）

○你很难规划校园，它们发展得乱七八糟(《耶鲁建筑杂志》第I号，1963年秋)

○普拉特（Pratt）学院1963年毕业典礼献词（载《普拉特毕业生》,1963年秋。并摘登于《文摘》的"建筑与工程消息"栏，1963·9·,为哥布尔的文章《超纪录：一个糟糕透顶的世界》所摘引，载《建筑实录》,1963·10·)

○建筑师论犹太教堂建筑（约翰逊为笔谈作者之一，载"当今美国犹太教堂建筑"展览会目录，犹太博物馆出版，1963·11·）

○个人声明（载《现代建筑的四个伟大创造者》,哥伦比亚大学出版社，1963·,根据1961·4·3·在该校学术讨论期间关于密斯的报告所写)

1964 ○建筑师的说明(《内布拉斯加大学塞尔登纪念美术馆》,1964·)

○建筑细部之三：菲利浦·约翰逊的作品（《建筑实录》，1964·4·）

○耶鲁大学克莱因科学中心克莱因生物实验大楼(《建筑设计》，1964·4·)

○关于纽约州立剧院的说明（《建筑实录》1964·5·）

○建筑师的作用（访问记，载《进步建筑》，1964·6·）

○青年艺术家在交易会上和林肯中心（《美国艺术》，1964·8·）

1965 ○在耶鲁大学的讲话（1965·4·19·）

○结构和设计("命运之神"巴哈玛斯会议"未来；新的市场",1965·5·4）

○在建筑同盟晚宴上的讲话（载纽约建筑同盟《新闻公报》,1965·5·26·)

○J·C·罗恩(Rowan)访问菲利浦·约翰逊等人讨论主体空间问题(《进步建筑》专集，1965·6·）

○"勒·柯布西埃：初步评价"一文的说明(《进步建筑》,1965·10·)

○我们丑陋的城市正变得越加丑陋（在德克萨斯州立大学建筑系召开的关于"我们

的环境危机”会议上的发言，奥斯汀，1965·11·21～23·）

○时间与地点：建筑中的行进式元素（载《**Perspecta**》，1965·.9·.～10·，摘载于斯特恩所著《美国建筑的新方向》，1969年纽约出版）

1966 ○纽约建筑同盟“四十位四十岁以下的建筑师”作品展览目录说明（1966·春）

○对州长自然美委员会的讲话（1966·2·25·在纽约希尔顿旅馆讲，这是以菲利浦·约翰逊为主席的城市景观专门小组向州长自然美委员会的报告，出版于《关于自然美的州长会议纪要》）

○在石材建筑协会第四十七届年会为表彰该协会所选出的当年获奖建筑师的宴会上的讲话（亚特兰大，1966·3·9·）

○在纽约建筑同盟欢迎丹下健三的晚宴上的讲话（1966·3·24·）

○菲利浦·约翰逊阐述他的非凡的地下博物馆（载《时尚》167号，1966·5·）

○论密斯·凡·德·罗——庆祝密斯八十寿辰（载《**Bauen und Wohnen**》，1966·5·，以德、法、英文发表）

○我们丑陋的城市——在麻省芒特·霍约克学院毕业典礼上的讲话（1966·6·5·作，载《芒特·霍约克毕业生季刊》，1966年夏季。《石头杂志》重刊于1966·9·；摘载于《命运之神》，1966·11·）

○论罗宾·博伊德（**Robin Boyd**）(《建筑评论》之“建筑难题”专栏，1966·6·)

○普勒西克斯对约翰逊的访问记：“菲利浦·约翰逊走向地下”(《美国艺术》，1966·8·）

○菲利浦·约翰逊的建筑：1949—1965(由希契柯克撰写前言，纽约**Holt, Rinehart and Winston**出版公司出版，1966）

○评《菲利浦·约翰逊1949—1965年的建筑》(《建筑评论》，1966·10·）

○保罗·海尔访问菲利浦·约翰逊（载《建筑师论建筑：美国的新方向》一书，1966年纽约出版；摘载于《建筑评论》，1966·11·）

○一粒盐……(《幻想》，1966·4·，摘登于德克萨斯州大学建筑系的学生刊物《问与答》；在本文前面还刊登了约翰逊1965年11月在该校召开的“论我们的环境危机”德州会议上的讲话）

○对公园政府专员奥古斯特·赫克舍在**AIA**第三次论题会议上关于纽约市公园系统的报告的评论（1967·6·于纽约希尔顿旅馆。引文载《**F·W·Dodge**建筑消息》，1967·6·2·）

○论当代艺术中的宗教内容问题（在“论宗教、建筑和视觉艺术第一次国际代表会议”上的发言，纽约，1967·8·29·，刊于该会特刊）

1968 ○建筑——二十世纪的一次大失败(《观察》第32期，1968·1·9·出版）

○为什么我们把我们的城市搞得丑陋？(《恰当的人类环境》，**Smithsonian**年刊之二，1968年纽约出版，原为报告，发表于**Smithsonian**协会1968年年会；摘登于《星期日华盛顿明星报》，1967·2·19·）

○评委会的报告，评委会主席菲利浦·约翰逊3月12日给住宅开发局长官内森(**H·J·Nathan**)的信（收入《参赛及获奖作品目录：1968年纽约市布鲁克伦区布利登海滩中等收入住宅竞赛》。部分地被罗伯特·斯特恩的《美国建筑之新方向》和凡丘里等人的《向拉斯维加斯学习》引用。）

○在“绅士”讨论会上的发言，1968·5·

1969 ○对已故的密斯·凡·德·罗的颂辞（在纽约美国文学艺术协会1969年年会上的讲话，1969·12·5·）

○无人知晓之岛（与约翰·伯吉合作，由纽约州城市开发公司福利岛规划与开发委员会出版，1969·）

1970 ○关于达拉斯前总统J·F·肯尼迪纪念碑的说明（1970·）

○菲利浦·约翰逊论建筑之艺术（《建筑设计》23号，1970·8·10·）

○论“波普艺术”（载《美国绘画，1900—1970》,时代——生活丛书之一，1970年纽约出版）

1971 ○查尔斯顿评论（在南卡罗来纳州查尔斯顿由历史保护全国基金会召开的第十四届年会和保护会议上的发言，载《历史保护》，1971·1·～3·）

○给柯勒克（**Kollek**）市长的公开信（载《纽约时报》，1971·2·16·）

1972 ○波士顿公共图书馆的扩建（1972·11·9·以单行本方式出版）

1973 ○在纪念碑的后面（据1972·12·15·在**AI A**芝加哥分会**Graham**基金会报告会上的讲话“为大众的纪念碑”改写，载《建筑评论》,1973·1～2月号）

○波布斯特图书馆的设计以及今日艺术之状况（1973·3·印油品，1974·1·30·由**AIA**纽约分会妇女建筑从属组织重印）

○明尼阿波利斯**I·D·S**·中心的建筑问题（以“那个地方，那个地方”为题发表于《建筑评论》1973·11·）

○同**J·W**·库克及**H**·克洛茨的谈话（载《同建筑师的谈话》,1973年纽约出版）

1974 ○菲利浦·约翰逊及约翰·伯吉的博物馆设计(《纽约时报》,1974·3·8·)

○关于纽伯奇（**Neuberge**)博物馆的说明（载《博物馆建设》,纽约大学价格学分院出版，1974·3·）

○访问李·拉齐维尔（**Lee Radziwill**）的有趣谈话（载《绅士》,1974·12·）

1975 ○美国文学艺术研究会对路易斯·康的纪念献词（1974年5月22日在纽约由美国文学艺术研究院和全国文学艺术协会共同举行的仪式上的讲话，1975年出版于该两组织的会议录第二卷第25号）

○在发给索尔·斯坦伯格(**Saul Steinberg**)制图艺术金质奖章仪式上的讲话（该仪式由美国文学艺术研究院和全国文学艺术协会联合主持，1974·5·22·）

○建筑同绘画与雕塑之比较——一种追索（1974年4月3日在美国全国文学艺术协会的晚宴上的讲话）

○新的曙光（1975年9月15日在接受该年度路易斯·沙利文建筑奖而由瓦工国际联盟和手工艺人同盟主持的会议上的讲话，载国际砌筑协会小册子，1975年华盛顿出版）

○什么是我的动机（1975年9月24日在哥伦比亚大学的讲话，收入《菲利浦·约翰逊文集》，1978年纽约出版）

○《五位建筑师：埃森曼、格雷夫斯、格瓦思梅、赫道克（**Hejduk**)及迈耶》后记（该书1975年由牛津大学出版社在纽约出版）

○《菲利浦·约翰逊文选》(由大卫·惠特尼选编，由**Yokoyama**翻译成日文，1975年东京出版

1976 ○詹姆斯·斯特林访问菲利浦·约翰逊（载《设计季刊》100号，建筑版之二“詹姆斯。斯特林剖析”，1976）　。

○办公楼之外形（未刊稿，1976）

○格瓦思梅/西格尔简论（1976年4月8日为《C·格瓦思梅和R·西格尔的住宅设计，1966—77》一书所写的前言，该书于1977年在东京出版）

1978 ○在接受AIA1978年度金质奖章仪式上的讲话（摘载于《美国建筑师协会会刊》，1978·7·）

1987 ○前言（为中国《国外著名建筑师丛书》之一《菲利浦·约翰逊》专集而作（刊于《建筑学报》1987年第9期）

后　记

作者之被邀参加本丛书"菲利浦·约翰逊专集"的编写工作，是在1987年初。那时我们刚从美国返京不久，对我们在美国各地参观过的约翰逊作品留有十分深刻的印象，因而欣然接受了这项编写任务。

可喜的是，本书一开始即得到了菲利浦·约翰逊先生本人的大力支持。他不仅寄来了最新出版的他和伯吉的作品集及有关资料，而且热情地为本书撰写了前言，概括地总结了他的设计思想。同时还寄来了他亲自签名的照片。这对作者是极大的鼓舞，在此我们愿借此机会向约翰逊先生表示深切的谢意。

作为理论家和实践家的约翰逊，三十年代初即开始活跃在美国建筑舞台上，起到了颇具影响的作用。此后他积极地写文章、作演讲，阐述他的建筑观点；五十年代之后，作品渐多，而且始终富于探索与创新的精神，日益受到广泛的注意和评论。

约翰逊的理论著作与设计作品十分丰富。因此要恰当地进行选编，确是一件并不容易的事情。我们进行选择的主要考虑，就是依据其在理论上和实践上所具有的代表性和与理论界所注意的广泛程度。但由于本书篇幅有限，仍有很多代表作品只能割爱。

在本书的主要编写工作已经完成之时，作者之一张钦哲即赴美工作，因此本书最后的充实、编排等项工作则由朱纯华完成。

我们希望通过这本书，能使读者了解美国建筑界在承前启后过程中起了举足轻重的作用的这位元老在理论上和实践上的精华所在。且不论我们对约翰逊的理论观点与设计手法是否赞同，但就约翰逊这种贯彻始终的探索与进取精神，我们认为中国的建筑界同行们是会从中受到某些启发的。

作　者

1989年春识于

波士顿—北京